Jochen Gabrisch

Auswahlgespräche professionell führen

Wie Sie geeignete Fach- und Führungskräfte identifizieren und von Ihrem Unternehmen überzeugen

managerSeminare Verlags GmbH – Edition managerSeminare

Jochen Gabrisch
Auswahlgespräche professionell führen
Wie Sie geeignete Fach- und Führungskräfte identifizieren und von Ihrem Unternehmen überzeugen

Endenicher Str. 41, D-53115 Bonn
Tel: 0228-977910, Fax: 0228-9779199
info@managerseminare.de
www.managerseminare.de/shop

Printed in Germany

ISBN: 978-3-95891-072-0

Herausgeber der Edition managerSeminare:
Ralf Muskatewitz, Jürgen Graf, Nicole Bußmann

Lektorat: Vera Sleeking
Coverfoto: ©depositphotos_ryanking999, Montage: Stefanie Diers
Illustrationen: Stefanie Diers
Druck: Belvédère Art Books Oosterbeek/Niederlande

Inhalt

Einleitung

Jochen Gabrisch

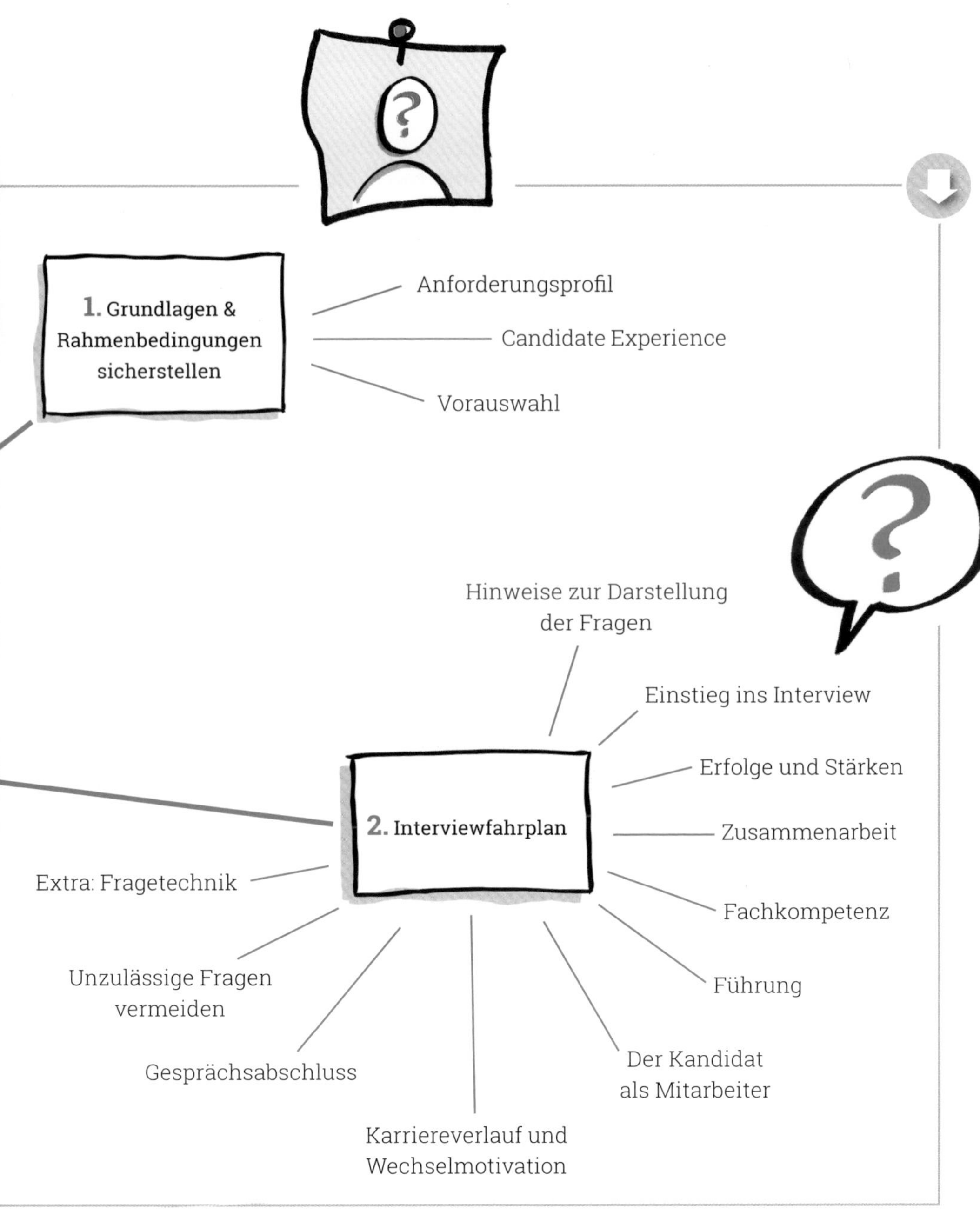
1. Grundlagen & Rahmenbedingungen sicherstellen
Anforderungsprofil
Candidate Experience
Vorauswahl
Hinweise zur Darstellung der Fragen
2. Interviewfahrplan
Einstieg ins Interview
Erfolge und Stärken
Zusammenarbeit
Fachkompetenz
Führung
Der Kandidat als Mitarbeiter
Karriereverlauf und Wechselmotivation
Gesprächsabschluss
Unzulässige Fragen vermeiden
Extra: Fragetechnik

Vorwort

Mit „Die Besten entdecken" habe ich 2004 mein erstes Buch veröffentlicht und es hat sich als Ratgeber für Auswahlgespräche etabliert. „Auswahlgespräche professionell führen" ist die konsequente Weiterentwicklung, nicht nur initiiert von einem Verlagswechsel.

Der Recruiting-Markt hat sich stark verändert und zu einem Bewerbermarkt entwickelt. Zunehmend haben gute Kandidaten die Wahl, für welches Unternehmen sie arbeiten. Und ich vermute stark, dass dies auch nach überstandener Krise so sein wird, besonders bei solchen mit nachgefragten Profilen. Auch die Tonalität hat sich in diesem Kontext gewandelt: Ich erlebe Kandidaten zunehmend auf Augenhöhe und als gleichberechtigte Verhandlungspartner. Der Marketing-Aspekt ist in Folge wichtiger geworden. Und weil hundertprozentig passende Kandidaten schwer zu finden sind, steht auch der Qualifizierungsgedanke immer stärker im Fokus.

Hinzugekommen sind auch neue Trends und technische Entwicklungen. Vor 15 Jahren haben wahrscheinlich nur wenige Experten an Themen wie Reverse Recruiting, Active Sourcing, KI-gestützte Vorauswahl, Gamification oder digitale Sprachanalyse gedacht. Das sind neue Chancen und Möglichkeiten, die teilweise schon von Kandidaten erwartet werden.

Nach wie vor ist jedoch das persönliche Interview das Mittel der Wahl, um die Passung eines Kandidaten zu ermitteln und ihn von Ihrem Angebot zu überzeugen. Gerade bei Fach- und Führungskräften trifft diese Methode auf große Akzeptanz. Zudem ist die Prognosekraft von professionell geführten Interviews sehr gut, insbesondere in Verbindung mit ergänzenden Methoden der Eignungsdiagnostik.

„Auswahlgespräche professionell führen" richtet sich als praktischer Leitfaden an Führungskräfte, die Auswahlgespräche führen. Das Buch bietet Ihnen eine strukturierte Grundlage und das Handwerkszeug für professionelle Interviews, mit denen Sie die passenden Kandidaten identifizieren und überzeugen.

Jochen Gabrisch

Hilfreiche Arbeitsunterlagen können Sie dabei einfach einsetzen, indem Sie sie sich nach Bedarf ausdrucken. Denn zu diesem Buch steht Ihnen begleitendes Material online und zum Herunterladen zur Verfügung. Die **Download-Ressourcen** sind im Buch durch das nebenstehende Symbol gekennzeichnet. Sie können darauf zugreifen, indem Sie den in der inneren Umschlagklappe Ihres Buches stehenden Link in die Browser-Zeile eingeben.

Noch ein Hinweis zur Sprachregelung: Aus Gründen der Lesbarkeit werden in diesem Buch die Formulierungen „der Kandidat" und „die Führungskraft" verwendet – gemeint sind jeweils sowohl weibliche als auch männliche und diverse Kandidaten.

Ich wünsche Ihnen konstruktive und ergiebige Gespräche.

Neu-Isenburg, im Mai 2020
Jochen Gabrisch

1 Grundlagen & Rahmenbedingungen sicherstellen

Das Fundament einer erfolgreichen Auswahlentscheidung ist ein präzises Anforderungsprofil. In diesem Kapitel stelle ich Ihnen eine erprobte Methode vor, wie Sie auf Basis von Kernkompetenzen ein aussagekräftiges Anforderungsprofil erstellen.

Ist das Anforderungsprofil angefertigt, geht es an das eigentliche Recruiting. Dabei nehmen die Candidate Experience und das Personalmarketing einen immer wichtigeren Stellenwert ein. In diesem Abschnitt (S. 15 ff.) bekommen Sie dazu zahlreiche Hinweise.

Um den Auswahlprozess effizient zu gestalten und die Interviews zu entlasten, ist eine erste Vorauswahl auf Basis der Unterlagen und ggf. eines Telefoninterviews hilfreich, zudem profitiert das Recruiting von einer stringenten Prozesssteuerung – Tipps dazu finden Sie in diesem Abschnitt (S. 19 ff.).

Anforderungsprofil

Der Maßstab für Ihre Entscheidung

Das Anforderungsprofil ist der Maßstab dafür, welche Kandidaten in die Vorauswahl kommen und welcher Kandidat letztendlich das Rennen macht. Bilden Ihre Kriterien die Anforderungen der Rolle im Unternehmenskontext passend ab, haben Sie einen validen Maßstab für Ihre Entscheidung. Es lohnt sich deshalb, beim Erstellen des Profils gewissenhaft vorzugehen. Diese Sorgfalt erfordert etwas Zeit – die sich bezahlt macht. Im Mittelpunkt des Profils stehen die sogenannten Kernkompetenzen – in Abgrenzung zu Fach- und Feldkompetenzen. Warum, das veranschaulicht das folgende Beispiel.

Kernkompetenzen im Fokus der Kandidatenauswahl

Beispiel

Der Vertriebsleiter eines Pharma-Unternehmens sucht einen Außendienstmitarbeiter für medizinische Nahrungsergänzungsmittel für die Region West. Welches der beiden folgenden Profile würden Sie im Rahmen einer Suche am ehesten verwenden?

- **Profil A:** Mindestens drei Jahre Erfahrung als Junior Sales Representative mit vergleichbaren Produkten, bevorzugt bei Wettbewerber x oder y, möglichst in der Region ansässig, idealerweise mit Studium der Ernährungswissenschaften und fachspezifischen Weiterbildungen.

- **Profil B:** Ausgeprägte Zielorientierung, Freude am Wettbewerb, hohe Handlungsorientierung/Selbst-Starter, starke Kontakt- und Überzeugungsfähigkeit, emotionale Stabilität/rasche Überwindung von Misserfolgen, ausgeprägte Lernfähigkeit, Affinität zu ernährungswissenschaftlichen Themen.

Oft wird **Profil A** der Vorzug gegeben, denn Kriterien wie die hier genannten sind leicht zu ermitteln. So lässt sich die Dauer der Berufserfahrung beispielsweise schnell im Lebenslauf eines Bewerbers ablesen. Doch dabei wird übersehen, dass die Kriterien aus Profil A nicht viel über den bisherigen oder zukünftigen Erfolg eines Kandidaten aussagen. Die Dauer der Berufserfahrung beispielsweise erlaubt kaum einen Rückschluss darüber, wie erfolgreich jemand als Vertriebsmitarbeiter war oder sein wird. Sie belegt nur, dass der Kandidat über eine gewisse Zeit Vertriebsmitarbeiter war. Etwas zugespitzt formuliert: Nur weil ich jeden Abend am Herd stehe, bin ich noch kein Spitzenkoch – dafür braucht es andere Zutaten.

Kernkompetenzen sind valide Indikatoren

Profil B basiert auf sogenannten Kernkompetenzen, die sich quasi als Goldstandard der Personalauswahl etabliert haben. Sie beschreiben diejenigen Fähigkeiten einer Person, die im Kern für die Leistungserbringung verantwortlich sind. Kernkompetenzen sind aufwendiger zu ermitteln, dafür sind sie valide Indikatoren für die zukünftige Leistung. Darüber hinaus erschließen Sie sich mit Kernkompetenzen, auch übertragbare Fähigkeiten genannt, einen größeren Kandidaten-Pool als über die sehr fachlichen Kriterien aus Profil A: Sie können jetzt beispielsweise auch Bewerber berücksichtigen, die nicht bei der direkten

Konkurrenz arbeiten. Eine **Liste mit Kernkompetenzen** können Sie als Download-Ressource zum Buch herunterladen (s. Hinweis auf S. 14).

Auf der anderen Seite ist es unbestritten, dass es für jede Aufgabe einer gewissen Fach- und Feldkompetenz bedarf. Diese kann man sich jedoch bis zu einem gewissen Grad aneignen – im Gegensatz zu Kernkompetenzen wie Leistungsorientierung oder Neugierde, die sich kaum erlernen lassen. Eine der Herausforderungen beim Erstellen eines Anforderungsprofils lautet deshalb, wie man Fach- und Feldkompetenzen einerseits und Kernkompetenzen andererseits so ausbalanciert, dass Sie eine nützliche und tragfähige Entscheidungsgrundlage erhalten. Die Antwort lautet: Auf Basis von Kernkompetenzen und mit so wenig Fachkompetenz wie nötig.

Profil erstellen

Dies sind deshalb die zwei zentralen Fragen beim Erstellen eines Profils:

- Welche Kernkompetenzen sind erfolgskritisch?
  ....
- Welche Fach- und Feldkompetenzen brauche ich unbedingt und welche lassen sich mit überschaubarem Aufwand vermitteln?
  ....

Kompetenzen ermitteln

Erforderliche Erfolgsfaktoren ermitteln

Eine pragmatische und deshalb häufig genutzte Methode, um Kernkompetenzen zu ermitteln, ist die Analyse erfolgskritischer Situationen. Die nachfolgenden Fragen helfen Ihnen dabei, die erforderlichen Erfolgsfaktoren in diesen Situationen zu identifizieren:

- Welches sind die zwei bis drei wesentlichen Ziele der Position?
- Welche Kerntätigkeiten resultieren daraus?
- Welches Verhalten hat ein erfolgreicher Mitarbeiter in dieser oder einer vergleichbaren Position gezeigt?
- Welches Verhalten hat ein außerordentlich erfolgreicher Mitarbeiter in dieser Position gezeigt?
- Welche Verhaltensweisen haben bisherige Stelleninhaber ggf. weniger erfolgreich sein lassen?

Abb.: Erfolgsfaktoren identifizieren

Mit dem Beantworten dieser Fragen haben Sie im ersten Schritt eine Sammlung der „Erfolgstätigkeiten" erstellt, die sogenannten **Verhaltensanker**: Was würde man auf einem Video-Mitschnitt eines erfolgreichen Mitarbeiters sehen und hören?

Beispiele für gesuchte Verhaltensweisen

Am Beispiel des Vertriebsmitarbeiters (s. S. 11) könnten das u.a. die nachfolgenden Verhaltensweisen sein:

- Geht aktiv auf (potenzielle) Kunden zu (Anrufe, Besuche).
- Stellt Kunden Fragen nach deren Erwartungen.
- Stellt Vorteile der Produkte heraus.
- Spricht emotional (verwendet Adjektive, lacht ...)
- Bleibt auch bei geringem Interesse oder nach Absagen am Ball.

Sollte die Position neu sein, können Sie diese Methode auch nutzen, indem Sie die Aufgaben prospektiv durchspielen: Welche Situationen kommen auf einen Mitarbeiter konkret zu? Und welche Fähigkeiten sind Ihrem Erfahrungswissen zufolge dabei wichtig?

Tipp

Gehen Sie beim Erstellen eines Anforderungsprofils in den Dialog. Sprechen Sie beispielsweise mit aktuellen und/oder vorherigen Positionsinhabern über deren Aufgaben und Erfolgsfaktoren. Oder bitten Sie einen Kollegen, als Sparringspartner zu fungieren. Schon die Notwendigkeit, die eigenen Vorstellungen im Gespräch zu vermitteln, erhöht die Qualität eines Profils spürbar. Noch bessere Ergebnisse erzielen Sie, wenn Sie diesen Schritt gemeinsam mit Kollegen durchführen, die über Erfahrung im Erstellen von Anforderungsprofilen verfügen.

Kernkompetenzen im Anforderungsprofil zusammenfassen

Im ersten Schritt haben Sie die Position im Hinblick auf erfolgskritisches Verhalten analysiert. Weil diese Sammlung recht viele Tätigkeiten beinhalten wird, fassen Sie diese jetzt in Kernkompetenzen zusammen, die im Auswahlprozess klare Orientierung geben. Um dabei nicht bei null anzufangen, hat es sich bewährt, auf ein bestehendes Kompetenzmodell zurückzugreifen, beispielsweise auf das des *Bochumer Inventars zur berufsbezogenen Persönlichkeitsbeschreibung* (s. S. 118 f.).

Mit Kunden gehe ich oft so vor, dass alle an der Erstellung des Profils beteiligten Kollegen – die ja schon über die Erfolgsfaktoren der Position im Bilde sind – das BIP-Ergebnisprofil intuitiv ausfüllen, also jede der 14 Kompetenzen mit einem Punkt auf der Zehnerskala einschätzen. Die Einzeleinschätzungen legen wir dann übereinander, beispielsweise mittels Klebepunkten auf einem leeren BIP-Profil in Flipchart-Größe. So wird schnell deutlich, inwiefern ein einheitliches Verständnis herrscht und Abweichungen lassen sich im Dialog auflösen. Ein BIP-Profil für unser Vertriebsbeispiel könnte so aussehen (siehe Abbildung BIP-Profil S. 119 und in den Download-Ressourcen). Wenn Sie das Profil stärker differenzieren wollen, können Sie ergänzend den umfangreichen Kompetenzkatalog aus den Download-Ressourcen dieses Buches hinzuziehen (s. S. 9).

Die Verhaltensweisen den Kernkompetenzen zuordnen

Im letzten Schritt ordnen Sie die erfolgskritischen Verhaltensweisen den einzelnen Kernkompetenzen zu. In unserem Beispiel des Vertriebsmitarbeiters könnten das für die Kompetenz „Emotionale Stabilität" diese Verhaltensanker sein:

- Hält die Beziehung zum Kunden auch nach Absagen aufrecht.
- Kommt nach Rückschlägen schnell wieder ins Tun.
- Bleibt auch bei großen Erfolgen ausgeglichen und ordnet diese in den Gesamtkontext ein.

Um Ihr Profil abzurunden, ist es jetzt noch notwendig, die Rahmenbedingungen festzulegen, beispielsweise Gehalt und Nebenleistungen.

Ihr Anforderungsprofil ist jetzt fertig. Zugegeben, es erfordert einigen Aufwand, idealerweise gemeinsam mit mehreren Kollegen. Doch im Auswahlprozess unterstützt Sie dieses Profil signifikant dabei, die passenden Kandidaten zu identifizieren und es verbessert die Ergebnisqualität spürbar.

Candidate Experience

Ein gutes Auswahlgespräch ist Teil einer gelungenen Candidate Experience und profitiert seinerseits von einem Gesamtprozess, der von einer hohen Kundenorientierung geprägt ist. Die folgenden Hinweise unterstützen Sie dabei, möglichst viele gut geeignete Kandidaten für ein Interview zu gewinnen und für Ihr Unternehmen zu begeistern.

Merkmale des Auswahlprozesses

- Speed, Speed, Speed!
  Geschwindigkeit ist eines der wichtigsten Qualitätskriterien in der Personalauswahl. Gerade gute Kandidaten springen ab, wenn ihnen der Bewerbungsprozess zu lange dauert. Eine geringe Geschwindigkeit wirkt auf Top-Leister wenig attraktiv – sie fragen sich (verständlicherweise), ob es im Arbeitsalltag dann genauso wenig dynamisch zugeht und welche Priorität sie als neuer Mitarbeiter genießen. Sobald ein Kandidat mit Ihnen Kontakt aufgenommen hat, sollte er deshalb schnell eine erste Reaktion erhalten und die weiteren Schritte sollten zügig folgen. Die Definition von „schnell" und „zügig" hängt dabei von Ihrer Zielgruppe ab – tendenziell geht es heute allerdings eher um Stunden und wenige Tage als um Wochen: eine Eingangsbestätigung erfolgt beispielsweise sofort, eine Einladung zu einem ersten (Telefon-)Interview idealerweise innerhalb von zwei bis drei Tagen, ebenfalls die Rückmeldung zum Gespräch, was auch die oft ungeliebten Absagen einschließt; ein Vertragsentwurf sollte nicht länger auf sich warten lassen als ein, zwei Tage. Das setzt voraus, dass das Anforderungsprofil und die internen Prozesse klar definiert sind. In der Praxis kommt es an der Schnittstelle von HR und Linienorganisation oder durch Schleifen innerhalb des Managements oft zu Verzögerungen – dafür haben gute Kandidaten kein Verständnis. Seien Sie also schnell und räumen Sie der Personalauswahl hohe Priorität ein.

  Priorität für die Personalauswahl

- Recruiting ist Chefsache.
  Wenn Sie sich als Führungskraft selbst involvieren, signalisieren Sie Ihren potenziellen zukünftigen Mitarbeitern von der ersten Minute an Wertschätzung. Warum also nicht einmal selbst zum Hörer greifen und einen vielversprechenden Bewerber kontaktieren!?

Im Interview selbst hat es sich bewährt, die Leistungsträger des jeweiligen Bereichs einzubinden. Damit sorgen Sie dafür, dass die besten Kandidaten auch tatsächlich am besten bewertet werden – vielleicht kennen Sie das englische Sprichwort „*A-People hire A-People, B-People hire C-People*"? Zudem steigern Sie mit einer hochkarätigen Besetzung die Gesprächsqualität, das Image Ihres Unternehmens und Sie vermitteln Wertschätzung. Auch falls Sie einem Kandidaten nach einem Gespräch kein Vertragsangebot machen sollten, wird er das Interview und Ihr Unternehmen in guter Erinnerung behalten.

- **Machen Sie es (potenziellen) Kandidaten leicht, mit Ihnen in Kontakt zu kommen.**
  Das geht beispielsweise, indem Sie die Social-Media-Kanäle Ihrer Zielgruppe nutzen oder auf komplizierte Bewerbungsformulare verzichten. Gerade bei sehr jungen Kandidaten wird inzwischen auch schon einmal auf ein Anschreiben verzichtet, das eine Hürde darstellen kann. Eine übersichtliche und ansprechende Karriereseite im Rahmen Ihres Internet-Auftritts, die Ihre Zielgruppe in deren Sprache anspricht, vermag neue Mitarbeiter zu interessieren. Oder Sie verteilen die Rollen neu und bewerben sich aktiv bei möglichen Kandidaten – Stichworte *Active Sourcing* und *Reverse Recruiting*.

Mitarbeiter bei der Suche einbeziehen

- **Verleihen Sie Ihrer Suche ein Gesicht.**
  Die meisten Menschen bewerben sich lieber bei einem Menschen als bei einer anonymen Organisation. Beispielsweise können Sie Ihre Mitarbeiter in die Suche einbeziehen – so weisen die Mitarbeiter eines Unternehmens in ihren Taglines auf LinkedIn mit der Aussage „*We are hiring*" darauf hin, dass Bewerbungen bei ihnen willkommen sind und vermitteln zudem eine hohe Loyalität der Belegschaft. Eine andere Möglichkeit, Kandidaten zu begeistern, sind aussagekräftige Testimonials von Mitarbeitern und Führungskräften auf Ihrer Website, beispielsweise als Video-Clip.

- **Pünktlichkeit ist die Höflichkeit der Könige.**
  Gute Kandidaten sind meist auch gut beschäftigt und zwacken sich die Zeit für ein Gespräch mit Ihnen von ihrem Alltag ab. Interviews sollten deshalb pünktlich starten – auch einen Kunden würde man ja nicht warten lassen. Neben den praktischen Erwägungen, wie beispielsweise einer terminierten Rückreise, bringen Sie auch mit Pünktlichkeit Ihre Wertschätzung zum Ausdruck.

Marketing

Vorteile aktiv herausstellen

Neben den oben genannten Prozessmerkmalen überzeugen und begeistern Sie Kandidaten auch, indem Sie die Vorteile Ihrer Vakanz und Ihres Unternehmens aktiv herausstellen. Insbesondere hoch qualifizierte Kandidaten haben meist die Wahl, für welches Unternehmen sie arbeiten, und wollen überzeugt werden: Was bietet Ihr Unternehmen einem künftigen Mitarbeiter? Und welche Vorteile bringt die Position mit sich? Nachfolgend finden Sie einige Ansatzpunkte, um diese Fragen zu beantworten:

- Durch welche Eigenschaften oder Besonderheiten zeichnet sich **Ihr Unternehmen** aus? In welchen Bereichen heben Sie sich positiv von anderen Arbeitgebern ab? Beispielweise: wertvolles Markenimage, Vertriebsstärke oder Innovationsführerschaft.

- Ihre **Unternehmenskultur** hat einen entscheidenden Einfluss darauf, welcher Typus von Mitarbeiter sich bei Ihnen zu Hause fühlt und sein Potenzial entfalten kann. Eine gute Passung zur Unternehmenskultur führt zwar nicht zwangsläufig auch zu besserer Leistung. Umgekehrt jedoch kann eine nicht optimale Passung zur Unternehmenskultur die Leistungserbringung empfindlich stören, weil sich der Mitarbeiter Gedanken über andere, nicht in direktem Zusammenhang mit der Leistungserbringung stehende Dinge macht. Überlegen Sie vor dem Gespräch, wodurch sich Ihre Kultur auszeichnet, beispielsweise Innovation, Effizienz oder ein großer sozialer Zusammenhalt, und bauen Sie diese Punkte ins Interview ein.

- Ein wesentlicher Garant für Zufriedenheit am Arbeitsplatz ist eine herausfordernde und interessante **Aufgabe**. Welche Vorteile bietet die zu besetzende Position (aus Sicht des Kandidaten), beispielsweise großer Handlungsspielraum, die Möglichkeit, Bedeutendes zu bewegen oder seine Talente *on the Job* zu vervollkommnen? Sprechen Sie auch darüber, was Sie gemeinsam erreichen wollen.

- Zunehmend anspruchsvoller sind hoch qualifizierte Bewerber in Bezug auf die **Arbeitsbedingungen**. Deshalb ist es empfehlenswert, Merkmale wie flexible Arbeitszeitmodelle, eine moderne, ansprechende Ausstattung des Arbeitsplatzes und die Möglichkeit, von zu Hause aus zu arbeiten, zu thematisieren.

- Besonders bei jüngeren Kandidaten spielt der **Sinn** ihrer Tätigkeit eine zunehmend große Rolle – Stichwort *Corporate Social Responsibility*. Gibt es gesellschaftliche Initiativen Ihres Hauses, die Ihre Kandidaten begeistern könnten, beispielsweise Zusammenarbeit mit lokalen sozialen Einrichtungen oder Projekte für ökologische Nachhaltigkeit?

- Sprechen Sie in Fragen der **Vergütung** über das Gesamtpaket, um vom einseitigen Blick auf das Grundgehalt abzukommen. Da sind zum einen die materiellen Komponenten wie Bonus, Nebenleistungen und Mitarbeiterbeteiligungsprogramme. Welcher Bewerbertyp interessiert sich besonders für das Gehaltsmodell, das Sie anbieten? Beispielsweise werden sich eher sicherheitsorientierte Kandidaten weniger leicht mit einem aggressiven Bonusprogramm auf Basis eines allenfalls durchschnittlichen Grundgehalts anfreunden können. Für stark leistungsorientierte Kandidaten dagegen kann dies der ausschlaggebende Faktor sein, Ihr Angebot anzunehmen.

  Auch besondere Weiterbildungsangebote oder Karrieremöglichkeiten können beim Thema *Total Compensation* eine wichtige Rolle spielen.

- Wie lassen sich vermeintliche Nachteile (beispielsweise ländlicher Standort) in Vorteile (günstige Immobilienpreise, Naturnähe) ummünzen?

Ehrlichkeit beim Marketing

Tipp

In Auswahlgesprächen gilt dasselbe wie in der Werbung:
Bleiben Sie realistisch und versprechen Sie nur, was Sie auch halten.

Vorauswahl

Eine professionelle Vorauswahl steigert die Effektivität des gesamten Auswahlprozesses. Um diese drei Bereiche geht es:

- Bewerbermanagement
- Analyse der Unterlagen
- Kurzinterview

Bewerbermanagement

Bewerber-management-Systeme

Ein effizientes Bewerbermanagement-System ist quasi das Rückgrat der Mitarbeiterauswahl. Mit ihm sorgen Sie dafür, dass alle Bewerbungen erfasst sind und Sie die weiteren Schritte übersichtlich und zuverlässig im Blick behalten. So sind auch Ihre Kandidaten immer zeitnah auf dem Laufenden. Insbesondere gefragte Mitarbeiter erwarten durchgängig eine professionelle und zeitnahe Reaktion auf ihre Bewerbung bzw. deren einzelne Schritte.

Vor- und Nachteil von KI

Zunehmend nutzen Bewerbermanagement-Systeme auch KI-Technologien und übernehmen die Vorauswahl anhand der Unterlagen selbstständig. Das spart einerseits Zeit. Andererseits läuft die Vorauswahl schematisiert ab und potenziell gute, aber auf den ersten Blick „abseitige" und von der KI als unpassend eingestufte Kandidaten gehen Ihnen womöglich verloren. So wurde 2018 die Nutzung eines automatisierten „Recruitment Tools" bei Amazon eingestellt, weil es unter anderem systematisch Frauen als unpassender bewertet hat. Die Ursache liegt darin, dass die künstliche Intelligenz auf Basis historischer Daten gelernt hatte. Weil bestimmte Positionen in der Vergangenheit überwiegend von Männern besetzt waren, schloss die KI daraus, dass jemand mit dem Merkmal Frau wahrscheinlich nicht den Anforderungen genügen würde. Wie bei vielen neuen Technologien ist es deshalb hilfreich, sie selbst kennenzulernen und sich sein eigenes Bild davon zu machen.

Analyse der Unterlagen

Seiteneinsteiger

Bei der Analyse der Unterlagen kommt es vor allem auf Ihre Haltung an. Insbesondere in engen Bewerbermärkten ist es empfehlenswert, eine möglichst breite und offene Perspektive einzunehmen. So kann es durchaus lohnend sein, auch einen Seiteneinsteiger zu berücksichtigen, der nicht alle Ihre Anforderungen auf den Punkt mitbringt, dafür aber vielleicht über eine hohe Motivation und Lernbereitschaft verfügt. Mögliche Einsparungen beim Gehalt können Sie für gezielte Entwicklungsmaßnahmen bis zum gewünschten Qualifizierungsgrad einsetzen.

Bei Dokumenten zu beachten

Darauf können Sie bei den einzelnen Bewerbungsunterlagen achten:

Lebenslauf

- Ist der CV übersichtlich gestaltet und verständlich geschrieben?
- Welche relevanten Erfahrungen erkennen Sie?
- Welche Qualifizierungslücken lassen sich ggf. mit überschaubarem Aufwand schließen?
- Ergibt sich ein rundes Bild vom Kandidaten?
- Von welcher Dauer sind die einzelnen Beschäftigungsverhältnisse?
- Sind die Positionen lückenlos bzw. wie werden zeitliche Lücken erklärt?
- Erkennen Sie eine Progression in Bezug auf Aufgaben und/oder Verantwortung?
- Was fällt Ihnen darüber hinaus ggf. besonders auf?

Anschreiben (falls vorhanden)

- Inwiefern ist das Anschreiben individuell auf Ihre Vakanz und Ihr Unternehmen zugeschnitten?
- Was motiviert den Kandidaten, sich bei Ihnen zu bewerben?
- Welche Erfahrungen und Stärken hebt der Kandidat selbst hervor? Wie passt das aus Ihrer Sicht zum CV und zu Ihrer Vakanz?
- Trifft der Kandidat schon Aussagen zu den Rahmenbedingungen (z.B. Gehalt)?

Zeugnisse

Zeugnisse sind ein Thema für sich. Weil jeder Mitarbeiter Anspruch auf ein „wohlwollend" formuliertes Zeugnis hat, sind mögliche Kritikpunkte meist gut versteckt und äußern sich in Kleinigkeiten. Beispielsweise mit der Reihenfolgen-Technik: „Sein Verhalten gegenüber Kunden, Kollegen, Vorgesetzten und Mitarbeitern war jederzeit vorbildlich." Die Position der *Vorgesetzten* entspricht nicht der hierarchischen Reihenfolge und deutet darauf hin, dass diese Beziehung nicht einwandfrei war. Will man Zeugnisse als Kriterium in den Auswahlprozess aufnehmen, sollte man sich also gut mit deren Spezifika auskennen.

Kurzinterview

Erstes Kennenlernen am Telefon

Bevor Sie einen Kandidaten zu einem persönlichen Gespräch einladen, empfiehlt sich ein erstes, kurzes Kennenlernen, beispielsweise via Telefon. Dieses erste Kennenlernen dient diesen Zwecken:

- Beziehungsaufbau und überprüfen der persönlichen „Chemie“
- Klären der „harten“ Rahmenbedingungen wie Verfügbarkeit und Gehalt
- Erster inhaltlicher Austausch über relevante Erfahrungen und Motivation des Kandidaten
- Information über das weitere Vorgehen

Zunehmend gibt es auch bei diesem Schritt der Personalauswahl ein Angebot neuer Technologien, wie beispielsweise Video-Interviewing, mit denen Kandidaten auf Basis Ihrer Fragen einen kurzen Film von sich aufnehmen, den Sie und Ihre Kollegen sich individuell und zeitversetzt anschauen können. Inwiefern solch ein technisiertes Verfahren als einer der ersten Kontaktpunkte im Bewerbungsprozess zu Ihrem Unternehmen und Ihren Kandidaten passt, empfehle ich ggf. selbst auszuprobieren (s. auch S. 96). Mögliche Fragen für ein Telefoninterview:

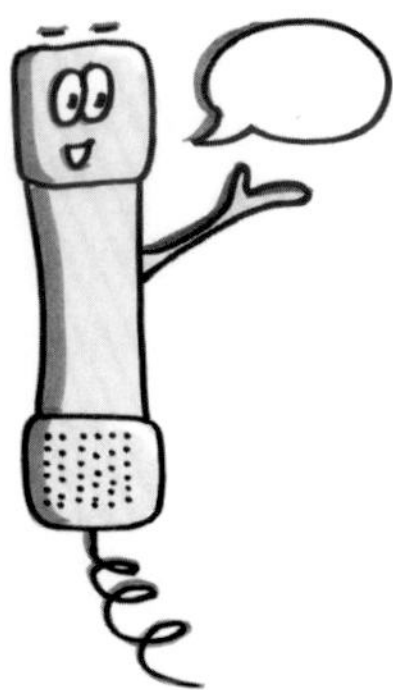

- Was reizt Sie an der Aufgabe?
- Welche relevanten Erfahrungen bringen Sie dafür aus heutiger Sicht mit?
- Aus welchen Gründen streben Sie aktuell einen Wechsel an?
- In welcher Größenordnung bewegen sich Ihre Gehaltsvorstellungen (inkl. Nebenleistungen)?
- Wann könnten Sie bei uns starten?
- Welche Fragen haben Sie zu diesem Zeitpunkt?

Zum Abschluss der Vorauswahl bietet es sich an, die Kandidaten in drei Kategorien einzuteilen:

- solche, die Sie sofort zu einem Interview einladen (A),
- potenzielle Nachrück-Kandidaten (B)
- und solche, denen Sie sofort absagen (C).

Für Kandidaten der Kategorie A und B empfiehlt es sich, Ihre bisherigen Beobachtungen strukturiert festzuhalten, um sie im weiteren Verlauf zu nutzen.

2 Interviewfahrplan

Der in diesem Kapitel vorgestellte Interviewfahrplan bietet Ihnen einen strukturierten Überblick über die relevanten Themen des Auswahlgesprächs in einer idealtypischen Reihenfolge. Sie verteilen sich auf diese acht Themenblöcke:

1. Einstieg ins Interview (ab S. 24)
2. Erfolge und Stärken (ab S. 28)
3. Zusammenarbeit (ab S. 36)
4. Fachkompetenz (ab S. 41)
5. Führung (ab S. 48)
6. Der Kandidat als Mitarbeiter (ab S. 68)
7. Karriereverlauf und Wechselmotivation (ab S. 74)
8. Gesprächsabschluss (ab S. 82)

Empfohlene Reihenfolge

Pro Themenblock empfehle ich eine Kernfrage als jeweiligen Einstieg. Wenn Sie wie empfohlen mit den Einstiegsfragen und Fragen zu den Erfolgen beginnen, stellen Sie wahrscheinlich fest, dass Sie dabei schon einige der folgenden Themenbereiche streifen oder sogar umfassend behandeln – das ist beabsichtigt. In diesem Fall können Sie mit den „kleineren" Anschlussfragen nachjustieren. Oder Sie bleiben bei Ihrer Kernfrage und moderieren sie entsprechend an, beispielsweise: „Wir haben das Thema Zusammenarbeit ja schon gestreift und würden jetzt gern noch einmal ausführlicher darauf eingehen." Im letzten Teil, dem Gesprächsabschluss, laufen die Fäden wieder zusammen.

Im Anschluss an den Interviewfahrplan finden Sie noch zusätzliche Informationen

- zu Fragen, die nach dem *Allgemeinen Gleichbehandlungsgesetz* (AGG) im Interview nicht erlaubt sind (ab S. 87)
- sowie zur Fragetechnik (ab S. 91).

Hinweise zur Darstellung der Fragen

Die einzelnen Themenkomplexe sind wie folgt strukturiert:

- **Kernfragen:** Die Kernfragen sind durchnummeriert. Sie bilden jeweils einen möglichen Einstieg in den jeweiligen Themenbereich und sind recht offen formuliert. In der Recruiting-Praxis ist diese Art von Fragen gut dazu geeignet, den Kandidaten zunächst einmal zum Reden zu veranlassen, ohne dass er durch Ihre Vorgaben gelenkt würde. Interviewen Sie einen guten Kandidaten, ist diese Methode die Grundlage für ein anregendes, fundiertes Gespräch für beide Seiten. Idealerweise entstehen aus einem solchen Diskurs neue Ideen und Sie lernen den Kandidaten sehr gut kennen.

  Ungestützte Fragen

  Wahrscheinlich machen Sie aber auch die gegenteilige Erfahrung, dass Sie auf diese offenen Fragen beispielsweise zu lange, zu allgemeine oder unstrukturierte Antworten bekommen. In diesen Fällen gilt es, den betreffenden Kandidaten in sicheres Fahrwasser zurückzusteuern, indem Sie beispielsweise nachhaken, die Frage etwas anders formulieren oder sich vorerst auf Teilaspekte beschränken (vgl. S. 101). Die jeweiligen Anschlussfragen können Ihnen dabei helfen.

  Zu lange und allgemeine Antworten

- **Hintergrund**: Zu welchem Zweck wird die Frage gestellt? Hier wird die Relevanz der Frage für das jeweilige Thema aufgezeigt.
- **Darauf können Sie achten**: Welche Aussagen können Sie erwarten? Hier finden Sie Anhaltspunkte zu möglichen Antworten der Kandidaten.
- **Anschlussfragen**: Hier finden Sie Fragestellungen, die Ihnen helfen, das Verhalten des Kandidaten in der Tiefe zu evaluieren. Einige Fragen führen darüber hinaus zu angrenzenden Themenbereichen. Insbesondere die Verbindung von Kern- und Anschlussfragen kann für die Kandidaten anspruchsvoll sein. Auf diese Weise können Sie allerdings sehr gute von guten Kandidaten unterscheiden und nicht nur geeignete von ungeeigneten Kandidaten.

In Summe bekommen Sie mit den Fragen dieses Kapitels ein gutes Gespür, inwiefern es sich um einen für Sie passenden Kandidaten handelt.

1. Einstieg ins Interview

Der Einstieg ins Interview ist, direkt nach dem einleitenden Small Talk, eine wichtige Phase für das Gelingen des Auswahlgesprächs. Hier legen Sie die atmosphärische Basis und beeinflussen so indirekt den Grad der Offenheit, mit der Ihnen der Kandidat begegnet.

Durch die Antworten auf die Einstiegsfragen erhalten Sie vielfältige Informationen über den Kandidaten. Die Fragen sind so ausgelegt, dass der Kandidat Gelegenheit bekommt, etwas ausführlicher von sich zu erzählen. Mit diesen Fragen hat er die Gelegenheit, sich „warmzulaufen" und ins rechte Licht zu rücken. Insbesondere Kernfrage 3 ist für so gut wie jedes Interview eine hervorragende Basis; die Fragen 1 und 2 können Sie optional davorstellen.

Kernfrage 1

„Mit welchen Gedanken und Erwartungen sind Sie in unser Gespräch gekommen?"

Hintergrund

Ein eher kurzer Einstieg, der direkt an die aktuelle Situation anknüpft und der dennoch einiges über den Kandidaten und seine Motivation erkennen lässt. Insbesondere können Sie feststellen, wie ernst oder dringlich es dem Kandidaten mit seinem Wechselwunsch ist und wie viele Gedanken er sich diesbezüglich gemacht hat. Die Frage ermöglicht zudem Rückschlüsse darüber, wie offen und selbstsicher der Kandidat auftritt.

Achten Sie besonders darauf, ob sich der Kandidat als gleichberechtigten Gesprächs- und Verhandlungspartner sieht, der neugierig auf die neue Position ist und das Gespräch dazu nutzt, sich gegenseitig besser kennenzulernen. Oder ist es das Ziel des Kandidaten, die Position unbedingt zu bekommen?

Darauf können Sie achten

- Die Antwortmöglichkeiten sind vielfältig. Wichtig ist, dass Sie eine offene und zügige Antwort erhalten. Hier eine kleine Auswahl möglicher Bereiche, die der Kandidat ansprechen kann:
  - Der Kandidat spricht über einige seiner Qualifikationen und wie diese zu den Anforderungen passen könnten.

- Er spricht seine Erfahrung mit Einstellungsinterviews an, beispielsweise, dass er seit Längerem keine mehr geführt hat.
- Er spricht seine aktuelle Verfassung an, beispielsweise, dass er etwas aufgeregt ist, gerade ein großes Projekt im Kopf hat, das ihn bis vor Ihre Haustür verfolgt hat oder dass er gespannt ist, Ihr Unternehmen kennenzulernen.
- Er möchte Sie von seinen Qualitäten überzeugen.
- Er möchte mehr über die Position erfahren, um zu sehen, wie gut sie zu ihm passt.
- Er möchte Ihre Unternehmenskultur kennenlernen, um zu sehen, wie gut das Unternehmen zu ihm passt.
- Ein Verweis darauf, dass er die Position gerne bekommen würde, wenn sich die Gespräche wie erhofft entwickeln, ist eine gute Antwort und spricht für die Offenheit des Kandidaten.

- Kandidaten, die sich intensiv mit ihrer Bewerbung auseinandergesetzt haben, sind meist gut dazu in der Lage, ihre Gedanken bündig und mit einem konkreten Erwartungshorizont verbunden zu benennen.
- Spricht der Kandidat offen über seine aktuelle Situation und Befindlichkeit, auch außerhalb des Interviews, lässt das auf eine gewisse Selbstsicherheit und Offenheit schließen.

Anschlussfragen

Hier bietet es sich an, seine Eindrücke für den weiteren Gesprächsverlauf zu speichern und mit einem kurzen Kommentar zu einem der genannten Themen überzugehen. Beispielsweise: „Ja, es ist auch für uns sehr wichtig zu sehen, inwiefern Ihre Persönlichkeit und unsere Unternehmenskultur zusammenpassen. Lassen Sie uns doch gleich dort ansetzen."

Kernfrage 2

„Aus welchen Gründen haben Sie sich dazu entschieden, unser Gespräch wahrzunehmen?"

Hintergrund

Diese Frage bezieht sich direkt auf den Gesprächsanlass und bietet sich deshalb zum Start an. Sie ist sehr offen gehalten und gibt dem Kandidaten die Gelegenheit, eigene Schwerpunkte zu setzen und gleichzeitig kaum Ansatzpunkte für „vorgestanzte" Antworten – Sie erhalten gleich zu Beginn ein recht authentisches Bild. Das macht es auch für Sie als Interviewer spannender, als wenn Sie den Kandidaten beispielsweise bitten würden, seinen Lebenslauf zu schildern. Gleichzeitig ist die Frage anspruchsvoll und auf Augenhöhe, sodass es den meisten Kandidaten Freude bereiten sollte, darüber zu sprechen; die Frage ist also auch emotional ein schöner Einstieg. Inhaltlich streifen Sie mit dieser Frage auch die Wechselmotivation des Kandidaten, die Sie später im Gespräch nach Bedarf vertiefen können.

Darauf können Sie achten

- Wie souverän und authentisch präsentiert sich der Kandidat?
- Wie verständlich führt der Kandidat seine Erklärung aus (z.B. Struktur, Prägnanz)?
- Wie anschaulich spricht der Kandidat? Bleibt er im Allgemeinen oder wird er konkret?
- Welche inhaltlichen Schwerpunkte setzt er? Spricht er beispielsweise mehr von sich selbst oder den Umständen, mehr von der Vergangenheit oder der Zukunft und in Bezug auf seine Wechselmotivation mehr von Push- oder Pull-Faktoren?
- Wie begeistert spricht er?
- Wie nachvollziehbar bzw. glaubwürdig klingen die Schilderungen des Kandidaten für Sie?
- Wie bindet Sie der Kandidat in seine Schilderungen ein?

Anschlussfragen

- Was reizt Sie an der neuen Rolle?
- Was erwarten Sie von einem Wechsel?
- Was würden Ihre Vorgesetzten, Kollegen und Mitarbeiter wahrscheinlich am meisten vermissen, wenn Sie das Unternehmen verlassen? Was würden Sie vermissen?
- Was ist Ihr erster Eindruck von unserem Unternehmen?

Kernfrage 3

„Was sollten wir in Bezug auf die die neue Position über Sie wissen?"

Hintergrund

Mit dieser Frage erhält der Kandidat die Möglichkeit, seine Vita, Stärken und Erfolge in Bezug auf die Position zu validieren und ohne gezieltes Nachfragen eigene Akzente zu setzen. Auf diese Weise erhalten Sie einen authentischen Eindruck von den Erfahrungen und dem Selbstbild des Kandidaten. Und Sie erfahren etwas darüber, wie der Kandidat die neue Aufgabe bisher verstanden hat. Und einem durchschnittlich selbstbewussten, reflektierten Kandidaten sollte es fast schon Vergnügen bereiten, Ihnen diese Frage zu beantworten. Mitunter trägt diese Frage, verbunden mit den Anschlussfragen, sogar schon über weite Teile des Interviews.

Darauf können Sie achten

- Geht der Kandidat auf Ihre Frage ein oder schildert er nur seinen CV?
- Die Frage ist allgemein gehalten und die Antwort erfordert eine Strukturierung – wie deutlich wird der rote Faden? Und auch die Ernsthaftigkeit des Interesses spiegelt sich wider, denn ad hoc lässt sich die Frage kaum auf den Punkt bringen.
- Wie passen die angesprochenen Stärken zu Ihrer Vakanz? Mögliche Stärken, die der Kandidat ansprechen kann:
  - Fachliche Kompetenz, beispielsweise Experten-Know-how in einem bestimmten Gebiet oder bestimmte technische Fähigkeiten
  - Soziale Kompetenz, beispielsweise Netzwerkbildung, Teamfähigkeit oder politisches Geschick
  - Leistungsmotivation, beispielsweise hohe Leistungsanforderungen an sich und andere
  - Persönliche Eigenschaften, beispielsweise die Fähigkeit, unter Druck zu arbeiten oder Hartnäckigkeit
  - Führungskompetenz, beispielsweise die Fähigkeit, andere zu begeistern oder Projekte voranzubringen

- Die Auswahl der Bereiche alleine lässt schon einen guten Einblick zu: So könnte eine versierte Führungskraft beispielsweise ihre Fähigkeiten und Erfolge in den Bereichen Business-, People- und Customer-Management benennen. Umgekehrt erscheint z.B. eine Führungskraft, die hauptsächlich ihr Fach-Know-how anführt, nicht besonders passend für eine Führungsrolle.
- Was wertet der Kandidat als Erfolg? Mögliche Kategorien: Ergebnis oder Prozess, Personen- oder Sachthemen, Detailfragen oder das große Ganze, Innovation oder Optimierung?
- Wie hoch ist die Messlatte für Erfolg? Stellen die Erfolge des Kandidaten auch aus Ihrer Sicht gute oder sehr gute Ergebnisse dar?
- Selten erreicht man herausragende Leistungen alleine – welche Rolle spielen andere Personen in den Schilderungen des Kandidaten?
- Schildert Ihnen der Kandidat Beispiele für seine Aussagen? Falls nicht, fragen Sie gezielt danach: „Können Sie uns dazu ein Beispiel aus Ihrem Alltag schildern?“
- Entspricht die Vorstellung des Kandidaten von der Position Ihrem Positionsprofil? Wo besteht gegebenenfalls Bedarf für Richtigstellung oder Nachfragen?

Anschlussfragen

Die Richtung der weiteren Exploration hängt bei dieser Frage stark von den individuellen Antworten ab. Hier einige mögliche Fragen:

- Danke für diesen Überblick; was uns noch nicht so ganz klar geworden ist: Worin sehen Sie Ihre Stärken?
- Zu welchen dieser Stärken bekommen Sie häufiger ein positives Feedback?
- Sie haben gerade erwähnt, dass Sie sich schnell in neue Sachverhalte einarbeiten. Können Sie uns ein Beispiel schildern?
- Sie haben Ihre Erfahrung in unserer Branche erwähnt. Wie schätzen Sie die Entwicklung in den kommenden ein bis zwei Jahren ein?
- In welcher Situation konnten Sie Ihre strategische Kompetenz erfolgreich unter Beweis stellen?
- Woran machen Sie Teamfähigkeit fest? Woran haben Ihre Teammitglieder gemerkt, dass Sie besonders teamfähig sind – können Sie uns da eine Situation aus Ihrer Erfahrung schildern?
- Was würden Sie sagen, welche Ihrer bisherigen Positionen war Ihre persönliche Nummer eins?
- Wenn Sie für Ihre aktuelle Position Bilanz ziehen, was gefällt Ihnen gut, was nicht so gut?
- Aus welchen Gründen haben Sie sich für die Position bei Unternehmen x entschieden?
- Welche Stationen sind Ihnen nicht so leichtgefallen? Was haben Sie daraus gelernt?
- Wo sehen Sie für sich noch Entwicklungsbedarf?
- Was haben Sie in letzter Zeit unternommen, um diese Stärken auszubauen?

2. Erfolge und Stärken

Die bisherige Erfolgs- und Leistungsbilanz eines Kandidaten ist ein guter Anhaltspunkt für seine zukünftigen Erfolge und Leistungen. Außerdem bilden die erzielten Erfolge eine wesentliche Grundlage für die Zufriedenheit mit der eigenen Karriere. Was hat der Kandidat also bisher richtig gut gemacht? Wofür hat er sich mit seiner gesamten Kraft eingesetzt, auch gegen Widerstände? Wie weit ist er in seinem Einsatz gegangen? Was hat den Kandidaten motiviert, Leistung zu erbringen? Wo hat ggf. auch etwas nicht so gut funktioniert?

Wichtig ist es in diesem Kontext auch, die Rahmenbedingungen herauszufinden, unter denen der Kandidat seine Erfolge (oder Misserfolge) erzielt hat. Nutzen Sie in diesem Kapitel deshalb besonders die Technik des situativen Fragens. Beispielsweise berichtet ein Kandidat: „Ich war in diesem Jahr der erfolgreichste Vertriebler." Das hört sich vielversprechend an. Doch was bedeutet diese Aussage konkret? Woran misst sich der Erfolg: Umsatz mit Bestandskunden, Neugeschäft, Umsatzwachstum, Deckungsbeitrag? Für welche Einheit war er der erfolgreichste Verkäufer – Unternehmen, Sparte, Produkt, Region? Unter welchen Rahmenbedingungen war er der erfolgreichste Verkäufer – hatte das Unternehmen gerade ein gutes oder ein durchschnittliches Jahr? War ein Team für den Erfolg verantwortlich oder der Kandidat als Einzelperson? Wie groß war der Abstand zu den nachfolgenden Plätzen? Liegt der Kandidat immer auf den ersten Plätzen oder war das eine Ausnahme?

Kernfrage 4

„Wenn Sie auf die letzten ein, zwei Jahre zurückblicken – welches sind Ihre drei wichtigsten Erfolge?"

Hintergrund

Durch die Fokussierung auf Erfolge erfahren Sie in der Ableitung viel über die Stärken und Talente des Kandidaten und damit über die Grundlagen seiner Leistung. Doch so leicht diese Frage scheint – viele Kandidaten tun sich schwer damit, ihre eigenen Erfolge pointiert in Worte zu fassen. Vieles wird als selbstverständlich angesehen und der eigene Leistungsbeitrag nicht immer sofort deutlich. Deshalb ist es gerade bei diesem Thema hilfreich, mit Anschlussfragen nachzufassen.

Darauf können Sie achten

- Kann der Kandidat – ggf. mit etwas Nachdenken – Erfolge nennen, beispielsweise ein erfolgreich abgeschlossenes Projekt, eine trotz Schwierigkeiten gemeisterte Aufgabe oder Ähnliches? Wie ambitioniert schätzen Sie diese ein?
- Vermittelt der Kandidat ein gutes Gespür für seine Stärken?
- Wie relevant sind diese Stärken für Ihre Vakanz?
- Ordnet der Kandidat seine Erfolge in den Unternehmenskontext ein (Mehrwert)?
- In welchen Aspekten ist der Kandidat stolz auf seine Leistung und wie zeigt er das?
- Wirkt der Kandidat voll und ganz bei der Sache, vielleicht auch begeistert, oder klingen die Beispiele beispielsweise distanziert oder auswendig gelernt?
- Welche Rolle spielen Führungskräfte, Mitarbeiter und Kollegen bei den Schilderungen?

Anschlussfragen

- Wie kam es dazu, dass Sie diese Aufgabe übernommen haben?
- Anhand welcher Kriterien beurteilen Sie den Erfolg Ihrer Arbeit?
- Auf einer Zehnerskala, wie erfolgreich schätzen Sie sich in Ihrer aktuellen Position ein?
- Was genau war *Ihr* Leistungsbeitrag?
- Welcher Beitrag hätte gefehlt, wären Sie nicht dabei gewesen?
- Welches waren Ihre wesentlichen Stärken, die bei dieser Aufgabe zum Tragen kamen?
- Was ist Ihnen bei dieser Aufgabe besonders leichtgefallen?
- Wovor hatten Sie bei dieser Aufgabe am meisten Respekt?
- Welche Rahmenbedingungen waren förderlich, welche eher hinderlich?
- Welches Feedback haben Sie bekommen?
- Zusammengefasst, welches sind Ihre drei Kernstärken?
- Welche Art von Aufgaben vertraut man Ihnen besser nicht an?
- Welche Ihrer Stärken würden Sie gern ausbauen? Auf welche Weise?
- Wenn Sie einmal Ihre gesamte Karriere betrachten, welches war aus Ihrer Sicht der größte Erfolg für Sie?

Kernfrage 5

„Was würden Sie einem Berufsanfänger raten, welche besonderen Kenntnisse, Stärken und Talente führen zu Spitzenleistungen in Ihrem Beruf?"

Hintergrund

Diese Frage führt in ihrer eher leichtfüßigen Verpackung letztlich zu den Stärken und der Performance des Kandidaten. Der Kandidat gibt Ihnen Auskunft darüber, wie er seinen Job versteht, was ihm wichtig ist und welche Qualifikationen er dafür als relevant erachtet. Von hier aus ist es nur noch ein kleiner Schritt, die eigene Leistung vor diesem Hintergrund einzuschätzen.

Darauf können Sie achten

- Aus welchen Bereichen kommen die für den Kandidaten relevanten Qualifikationen? Sind es besondere Fachkenntnisse oder Management-Fähigkeiten, persönliche Eigenschaften, unternehmenspolitisches Geschick ...? Hier erfahren Sie eine Menge über die Arbeitsweise und das aktuelle Arbeitsumfeld des Kandidaten, das Sie mit Ihren aktuellen Anforderungen abgleichen können.
- In welchem Umfang entsprechen die geschilderten Stärken und Talente auch den tatsächlich vorhandenen Stärken und

Talenten des Kandidaten? Wobei handelt es sich ggf. um die eigenen Lernerfahrungen? Beispiele schaffen Klarheit.
- Die meisten Menschen geben ihre Erfahrung gern weiter. Haben Sie den Eindruck, dass es dem Kandidaten angenehm ist, auf Ihre Frage zu antworten?
- Lässt der Kandidat erkennen, dass es auch andere Wege zum Erfolg als seinen eigenen geben könnte?

Anschlussfragen

- Was bedeutet für Sie sehr gute Fachkenntnis?
- Welche dieser Stärken und Talente sind bei Ihnen besonders gut ausgeprägt? Wie zeigt sich das?
- Können Sie uns für diese Fähigkeit ein Beispiel aus Ihrer Karriere geben?
- Welche der von Ihnen genannten Stärken hat Ihnen in Ihrer Karriere am meisten genutzt? Mit welchen Ergebnissen?
- Haben Sie ggf. Fähigkeiten, die derzeit nicht in vollem Umfang zum Einsatz kommen?
- In welchen der genannten Bereiche/Kompetenzen haben Sie selbst im Laufe Ihrer Karriere am meisten dazugelernt?
- In welchen der genannten Bereiche sehen Sie für sich selbst noch Verbesserungspotenzial?

Kernfrage 6

„Welche drei Stärken haben Ihnen bisher am meisten dabei geholfen, erfolgreich zu sein?"

Hintergrund

Die eigenen Stärken zu kennen, ist eine wesentliche Voraussetzung, um diese entsprechend einzusetzen und somit erfolgreich zu agieren. Durch die Reduktion auf drei Stärken erhalten Sie ein pointiertes Profil des Kandidaten, das sich durch entsprechende Anschlussfragen detaillieren und erweitern lässt.

Darauf können Sie achten

- Geben Sie dem Kandidaten ggf. ein wenig Zeit, seine persönlichen „Top 3" auszuwählen.
- Aus welchen Bereichen kommen die Stärken, beispielsweise:
  - Eine starke Motivation (z.B. Leistung, Gestaltung) oder ein großes Interesse
  - Talente wie mathematisches Verständnis
  - Persönlichkeitsmerkmale wie emotionale Stabilität
  - Soziale Verhaltensweisen wie Kontaktfähigkeit
  - Fachkenntnisse

- Welche konkreten Situationen schildert der Kandidat, in denen er seine Stärken genutzt hat?
- Stellt der Kandidat eine Verbindung zu Ergebnissen her? Welchen Nutzen hat er mit seinen Stärken gestiftet? Inwiefern ist dieser mit den Unternehmenszielen gekoppelt?

Anschlussfragen

- Wie haben sich diese Stärken in Ihrem Alltag gezeigt?
- In welchem Kontext haben Ihnen diese Stärken besonders genützt?
- Welche besonderen Leistungen haben Sie mit diesen Stärken erzielt?
- Wann haben Sie zum ersten Mal gemerkt, dass Ihre Stärken gerade in diesem Bereich liegen?
- Was haben Sie getan, um diese Stärke besonders zu entwickeln?
- Gibt es mitunter Momente, in denen diese Stärke ein wenig über die Stränge schlägt, also übermäßig ausgeprägt ist?
- Welche anderen Stärken sehen Sie noch bei sich?
- Welche Stärke hätten Sie gerne?
- Wenn wir die andere Seite der Medaille betrachten, welche Eigenschaft steht Ihnen bei der Zielerreichung auch mal im Weg?
- Einmal angenommen, Sie würden sich mit einer Ihrer Stärken selbstständig machen, welche wäre das?

Kernfrage 7

„Über welche Anerkennung haben Sie sich in letzter Zeit gefreut?"

Hintergrund

Gute und erst recht herausragende Leistungen rufen in der Regel ein positives Feedback hervor. Durch die Hintertür ist dies also die Frage nach den Stärken und Erfolgen des Kandidaten, verknüpft mit einer zusätzlichen sozialen Validierung.

Darauf können Sie achten

- Erinnert sich der Kandidat ohne allzu langes Nachdenken an Situationen, in denen er Anerkennung für seine Leistung erhalten hat? Falls nicht, wird mit Anerkennung im Unternehmen des Kandidaten ebenso wie bei Kunden sehr sparsam umgegangen? Oder gab es tatsächlich keinen Grund für positives Feedback?
- Mit den folgenden Fragen können Sie die Antworten des Kandidaten einordnen:
  - Von wem kam die Anerkennung? *Vorgesetzte, Kollegen, Mitarbeiter, Kunden …*

- Worauf bezog sich die Anerkennung? *Zielerreichung, besonderes Engagement, Einsatz für Andere, Kostenreduktion, Verbesserungsideen ...*
- Welcher Art war die Anerkennung? *Monetär, verbal, ein besonderer Preis, öffentlich oder im kleinen Kreis ...*
- Verlangen die zugrunde liegenden Leistungen auch aus Ihrer Sicht Anerkennung, weil sie eine sehr gute Leistung darstellen?

- Die Antworten des Kandidaten ermöglichen es Ihnen, ein recht differenziertes Bild zu erstellen, sowohl in Bezug auf seine Leistungen als auch hinsichtlich seiner Motivationsstruktur. Wie passt es zu Ihren Anforderungen?
- Kandidaten, die zu großen Teilen intrinsisch motiviert sind, legen nicht allzu viel Wert auf Anerkennung von außen und haben deshalb manchmal Schwierigkeiten beim Beantworten dieser Frage. In diesem Fall können Sie die Anerkennungen neutral behandeln („Welche Anerkennung haben Sie in letzter Zeit bekommen?") oder Sie thematisieren stattdessen die Erfolge als solche.

Anschlussfragen

- Aus welchen Gründen hat man *Sie* mit dieser Aufgabe betraut?
- Wie genau haben Sie diese Ergebnisse erzielt?
- Welche Stärken haben Ihnen dabei geholfen, in der geschilderten Situation erfolgreich zu sein?
- Warum haben Sie sich in der geschilderten Situation besonders ins Zeug gelegt?
- Auf einer Skala von eins bis zehn, wie wichtig ist es Ihnen, dass Sie regelmäßig Anerkennung bekommen?
- Welche Art von Anerkennung ist Ihnen am liebsten?
- Gibt es Leistungen, für die Sie mehr Anerkennung erwartet hätten?

Kernfrage 8

„Welche Ergebnisse bei Ihrem aktuellen Arbeitgeber basieren maßgeblich auf Ihrem Beitrag?"

Hintergrund

Diese Frage ist sehr spitz gestellt: Was hat der Kandidat in seiner jetzigen Position erreicht? Damit legen Sie den Fokus eindeutig auf Ergebnisse (anstatt auf Tätigkeiten).

Darauf können Sie achten

- Nennt der Kandidat konkrete Ergebnisse, beispielsweise Kosteneinsparungen, erhöhte Verkaufserlöse, positive Kundenbefragungen oder eine Neuentwicklung im Zeitrahmen?
- Wenn die Kriterien zur Ergebnismessung nicht unbedingt auf der Hand liegen (wie das zum Beispiel im Vertrieb der Fall ist), lassen Sie dem Kandidaten etwas Zeit, um hier eine klare Aussage zu treffen. In vielen Fällen lassen sich konkrete Kategorien finden.
- Berichtet der Kandidat messbare Ergebnisse oder schildert er seine Leistungen qualitativ? Haken Sie gegebenenfalls nach, um auch die andere Seite der Medaille zu erfahren.
- Welchen Stellenwert nehmen Vorgesetzte, Kollegen und Teammitglieder in den Schilderungen ein? Wenn bei umfangreichen Leistungen erst einmal niemand sonst beteiligt war, bieten sich Nachfragen an.

Anschlussfragen

- Wie tragen diese Ergebnisse zum Erreichen der Unternehmensstrategie bei?
- Auf wessen Initiative ging die geschilderte Ergebnisverbesserung zurück?
- Wie haben Sie diese Ergebnisse erreicht?
- Welcher messbare Erfolg resultierte aus Ihrer Arbeit?
- Welche Schwierigkeiten haben Sie dabei überwunden?
- Wie haben Sie das gemacht?
- Wie schätzen Sie den Schwierigkeitsgrad der Aufgabe ein?
- Welche Risiken sind Sie eingegangen, um das Ergebnis zu erreichen?
- In welchem Umfang haben Sie mit anderen kooperiert, um dieses Ergebnis zu erreichen?
- Welcher Beitrag kam ggf. von Kollegen oder Mitarbeitern?
- In welchem Umfang haben Sie andere von Ihrer Vorgehensweise überzeugt, um das Ergebnis zu erreichen?

Kernfrage 9

„Welche Misserfolge waren für Sie von entscheidender Bedeutung?“

Hintergrund

Misserfolge können ein Indikator dafür sein, dass der Kandidat eine Herausforderung angenommen hat. Sich sogenannte „Stretch Goals“ zu setzen, lässt erst einmal auf eine leistungsorientierte Grundeinstellung schließen. Zudem sind Fehler eine gute Lernchance.

Darauf können Sie achten

- In welchen Bereichen und mit welchen Aufgaben ist der Kandidat über seine Grenzen gegangen? Wo hat er seine Komfortzone verlassen? Die Gebiete, in denen Misserfolge zustande kommen, können eine Menge über die Ambitionen des Kandidaten aussagen. In welchen Bereichen hat er sich mehr zugetraut, wollte mehr erreichen? Aus welchen Gründen? Wie relevant sind diese Bereiche für Ihre Vakanz?
- Wie erklärt der Kandidat seine Misserfolge? Gewinnen Sie den Eindruck, dass der Kandidat offen darüber spricht? Oder sucht und findet er hier „Schuldige" („Die wirtschaftliche Lage war einfach miserabel ...")? Haken Sie nach: „Welches waren Ihre Anteile? Es gab doch bestimmt auch erfolgreiche Kollegen zu dieser Zeit?"
- „Misserfölgchen" bringen hier nicht weiter. Fragen Sie nach, wenn Sie das Gefühl haben, der Kandidat berichtet von einem kleinen Pro-forma-Misserfolg, etwa: „Die Umsätze für die neue Produktpalette hatte ich viel zu niedrig eingeschätzt; die war dann doch deutlich erfolgreicher als wir dachten." Bleiben Sie am Ball: „Das ist ja ein toller Erfolg. Kommen wir doch noch einmal auf Ihre Misserfolge zu sprechen."
- Gibt es aus Sicht des Kandidaten gar keine Misserfolge, sollten Sie hellhörig werden. Profis, die sich anspruchsvolle Ziele setzen, kommen früher oder später meist auch einmal an ihre Grenzen.

Anschlussfragen

- Wie kam es zu der Situation?
- Wie haben Sie die Situation wieder in den Griff bekommen?
- Was haben Sie aus der Situation gelernt?
- Was haben Sie seitdem anders gemacht?
- Was würden Sie in Zukunft darüber hinaus anders machen?
- Es scheint Ihnen eher schwerzufallen, einen Misserfolg zu benennen – ist die Frage erlaubt, ob Sie Ihre Aufgaben anspruchsvoll genug gewählt haben?

3. Zusammenarbeit

Kooperationsfähigkeit ist – neben IT-Kenntnissen – eine der beiden Kompetenzen, die zunehmend nachgefragt sind. In agilen Arbeitswelten ist es immer wichtiger, beispielsweise zwischen unterschiedlichen Standpunkten zu vermitteln oder andere ins Boot zu holen. Die meisten Informationen sind heute universell verfügbar – der konstruktive Austausch darüber führt zum Erfolg. Dabei ist es hilfreich, die eigene Rolle zu kennen, die Stärken im Austausch mit Kollegen sowie die eigenen „roten Knöpfe", die jeder von uns hat. Feedback ist eine wirkungsvolle Methode, um sich dazu Hinweise einzuholen.

Kernfrage 10

„Wie würden Ihre Kollegen Sie beschreiben?"

Hintergrund

Mit dieser „triadischen" Frage holen Sie die Kollegen des Kandidaten quasi mit ins Interview. Sie verschafft Ihnen einen Einblick, wie der Kandidat von Kollegen gesehen wird und in welchem Maße er sich für diesen Eindruck interessiert.

Auf diese Punkte können Sie achten

- Geht der Kandidat auf die Frage ein oder weicht er aus? („Da müssen Sie schon meine Kollegen fragen.")
- Gestaltet der Kandidat die Antwort selbstständig oder fragt er nach? („Meinen Sie positive Eigenschaften?")
- Erweckt der Kandidat den Eindruck, sich schon mit dem Thema beschäftigt zu haben, beispielsweise durch eine zügige Antwort?
- Bezieht sich der Kandidat von sich aus auf konkrete Situationen oder konkretes Feedback, das er von Kollegen bekommen hat?

Anschlussfragen

- Welche aktuellen Beispiele können Sie uns dafür nennen?
- Welche kritische Eigenschaft würden Ihre Kollegen vielleicht nennen? Was würden Ihr Chef und Ihre Mitarbeiter sagen?
- Welche Rückmeldung haben Sie in letzter Zeit von Vorgesetzten, Kollegen und Mitarbeitern erhalten?

- Man hat ja immer Kollegen, mit denen man gern und weniger gern zusammenarbeitet – auf welchen Kollegen könnten Sie gut verzichten und aus welchem Grund (keine Namen)?
- Würden Ihre Kollegen Sie auch als hilfsbereit beschreiben? Woran würden diese das festmachen?
- Was ist Ihnen an der Zusammenarbeit darüber hinaus wichtig?

Kernfrage 11

„Welches sind Ihrer Erfahrung nach wichtige Faktoren, damit die Zusammenarbeit in einem Team gut gelingt?"

Hintergrund

Wenn zwei oder mehr Personen gemeinsam an einem Thema arbeiten, kommt es potenziell zu Reibungsverlusten. Um diese möglichst gering zu halten und die Qualität der Zusammenarbeit zu maximieren, ist eine bewusste Steuerung hilfreich. Welche Erfahrungen hat der Kandidat damit gemacht?

Darauf können Sie achten

- Eine klare Zielsetzung ist die Erfolgsgrundlage von Teams – welche Erfahrungen hat der Kandidat damit gemacht?
- Arbeitet der Kandidat gern mit unterschiedlichen Personen zusammen, beispielsweise in Bezug auf Ausbildung, Nationalität, Geschlecht, Berufserfahrung ...? Studien belegen, dass die Ergebnisqualität von Unterschiedlichkeit profitiert, wenn diese gut gemanagt wird.
- Eine klare Verteilung von Rollen ist der Zusammenarbeit zuträglich – welche Präferenzen hat der Kandidat (s. auch Kernfrage 12)?
- Was sagt der Kandidat über Grundwerte wie Höflichkeit, Freundlichkeit, Hilfsbereitschaft und Rücksichtnahme? Welche Beispiele führt er an?
- Wie geht der Kandidat mit Meinungsverschiedenheiten um? Versucht er beispielsweise, sich durchzusetzen, sucht er aktiv nach einem Kompromiss, zieht er sich zurück, sucht er sich Verbündete?
- Welche Techniken der Zusammenarbeit nutzt der Kandidat?

Anschlussfragen

- Was würde in einem Team, in dem Sie nicht dabei sind, besonders fehlen?
- Ja, Hilfsbereitschaft ist auch für uns wichtig – können Sie uns da ein Beispiel aus Ihrer Praxis geben?

- Welches sind Ihrer Erfahrung nach die häufigsten Knackpunkte in der Teamarbeit?
- Gibt es eine Team- oder Projektarbeit, bei der es nicht rund gelaufen ist?
- Mit welchen Techniken der Zusammenarbeit wie beispielsweise Brainstorming oder Design Thinking kennen Sie sich aus?

Kernfrage 12

„Welche Art von Aufgaben nehmen Sie in Teams bevorzugt wahr?"

Hintergrund

Jeder Mitarbeiter bringt unterschiedliche Stärken für die Arbeit im Team mit, die ihn für bestimmte Aufgaben oder Rollen prädestinieren (und für andere weniger). Beispielsweise hat ein Mitarbeiter oft gute Ideen – mit einiger Wahrscheinlichkeit wird er nicht ganz so gut darin sein, Prozesse administrativ zu dokumentieren. Oder eine Mitarbeiterin ist gut darin, andere ins Team zu integrieren – wahrscheinlich ist sie nicht genauso gut darin, das Projekt bei Schwierigkeiten gegen Widerstände und mit klarer Kante voranzutreiben. Neben der inhaltlichen Ausrichtung des Kandidaten erfahren Sie mit dieser Frage auch, inwiefern er seine Rolle in Teams schon reflektiert hat.

Darauf können Sie achten

- Die meisten Kandidaten nennen zügig Situationen, in denen sie in ihrem Element sind und in einer Aufgabe aufgehen. Wie passt das zu Ihrer Vakanz?
- Drückt sich die Begeisterung des Kandidaten für bestimmte Tätigkeiten auch in der Art seiner Darstellung aus?
- Eine gute Gliederungsmöglichkeit bieten die Teamrollen nach Belbin. Die wesentlichen Funktionen eines Teams lassen sich in drei Kategorien betrachten:
  - **Aktion**: z.B. Themen voran- oder zu Ende bringen
  - **Person**: z.B. mit anderen zusammenarbeiten und Netzwerke pflegen
  - **Denken**: z.B. Know-how und Analyse
- Fällt dem Kandidaten eine Antwort schwer, kann das bedeuten, dass er wenig in Teams arbeitet oder sich über seinen Beitrag noch kaum Gedanken gemacht hat. In diesem Fall bieten sich weitere Nachfragen an.

Anschlussfragen

- Bei welchen Aufgaben schätzen Sie Teamarbeit besonders?
- Wie haben Sie zum Ergebnis einer Teamarbeit beigetragen?

- Welche komplementären Arbeitsstile schätzen Sie in der Zusammenarbeit?
- Welcher Arbeitsstil bringt Sie mitunter auf die Palme?
- Welche Art von Aufgaben erledigen Sie nur ungern oder auch weniger gut?
- Sehen Sie in der neuen Position genügend Ansatzpunkte, gleichartige Aufgaben zu bearbeiten?

Kernfrage 13

„Können Sie uns einen Konflikt schildern, an dem Sie beteiligt waren?"

Hintergrund

Konflikte gibt es in Organisationen reihenweise – schon alleine, weil Ressourcen beschränkt und Ziele anspruchsvoll sind und niemand perfekt ist.

Darauf können Sie achten

- Sieht der Kandidat Konflikte prinzipiell als etwas „Normales" an und können sie aus seiner Sicht dazu beitragen, ein besseres Ergebnis zu erreichen? Oder ist es ihm eher unangenehm, über Konflikte zu sprechen?
- In welcher Tonalität berichtet der Kandidat von einem Konflikt? Bekommen Sie beispielsweise den Eindruck, dass er die Situation gut für sich verarbeitet hat oder ist der Konflikt auch rückblickend noch ein „Aufreger"?
- Wie groß ist der geschilderte Konflikt und aus welchem Bereich (Ressourcen, Persönlichkeit ...) kommt er?
- Wo sieht der Kandidat Gründe und Lösungsansätze für den Konflikt? Sind die anderen schuld oder sieht der Kandidat die Gründe im Zusammenspiel („It takes two to tango") und trägt auch selbst aktiv zur Lösung bei?
- Weiß der Kandidat von keinem Konflikt zu berichten? Das ist möglich, doch über einen längeren Zeitverlauf eher unwahrscheinlich. Handelt es sich vielleicht um einen typischen „Konflikt-Vermeider", der schnell zurücksteckt? Oder selbst vieles auffängt, anstatt seinen Standpunkt zu vertreten? Kommt er aus einer dezidierten Konsenskultur?

Anschlussfragen

- Was war Ihr Anteil beim Entstehen des Konflikts? Bei dessen Lösung?
- Welche anderen Möglichkeiten der Konfliktlösung sehen Sie aus heutiger Sicht?

- (Wie) Hätte der Konflikt rückblickend verhindert werden können?
- Erleben Sie diese Art von Konflikt häufiger?
- Wozu neigen Sie eher – Ihren Standpunkt vehement zu vertreten oder zurückzustecken?
- Wie hat sich Ihre Art, mit Konflikten umzugehen, über die Zeit verändert?

Kernfrage 14

„Es gibt ja immer Menschen, mit denen man nicht so gut klarkommt – können Sie uns dafür ein Beispiel geben?"

Hintergrund

Diese Frage zielt in drei Richtungen: An der Oberfläche geht es um die Präferenzen des Kandidaten in der Zusammenarbeit. Im Umkehrschluss sagt der Kandidat auch viel über sich selbst. Und auf der Meta-Ebene erfahren Sie etwas über seine Reflexionsfähigkeit.

Darauf können Sie achten

- Beantwortet der Kandidat die Frage geradeheraus? Es handelt sich zugegebenermaßen um eine eher persönliche Frage, allerdings gibt es wohl für so gut wie jeden Menschen auch Mitmenschen, an deren Verhaltensweisen ihn etwas stört.
- Was sagt die Antwort des Kandidaten über ihn aus? Stören den Kandidaten beispielsweise „Erbsenzähler", kann es bedeuten, dass er selbst eher großzügig ist oder es auch nicht so genau nimmt. Nimmt der Kandidat an einer laxen Anspruchshaltung Anstoß, könnte er selbst ein hohes Qualitätsniveau verfolgen oder zur Überheblichkeit tendieren. Anschlussfragen schaffen Klarheit.
- Hat der Kandidat eine konstruktive Art und Weise gefunden, mit den „Störenfrieden" umzugehen?

Anschlussfragen

- Was stört Sie an diesem Verhalten?
- Was sagt das über Sie aus? Kann es sein, dass Sie selbst im Umkehrschluss eher (gegenteiliges Verhalten benennen) agieren?
- Wie versuchen Sie, mit dem betreffenden Kollegen klarzukommen?
- Welches sind generell Werte, gegen die man bei Ihnen nicht verstoßen sollte?

4. Fachkompetenz

Ziel der Fragen dieses Kapitels ist es, Profis auf ihrem jeweiligen Gebiet zu erkennen – Kandidaten, die mit großem Stolz hinter ihrer Profession stehen und sich als Experten ihres Fachgebiets verstehen: die Forscherin, die erfolgreich an einem neuen Wirkstoff arbeitet. Der Programmierer, der eine innovative App entwickelt. Die Vertriebsmitarbeiterin, deren Kennzahlen kontinuierlich zu den besten zählen. Der Ingenieur, der eine hocheffiziente Fertigung aufbaut. Die Controllerin, die ihrem Unternehmen einen Millionenbetrag spart.

Mit einer adaptierten Erwartungshaltung können Sie diese Fragen auch Führungskräften stellen, besonders auf der Ebene der Team- und Abteilungsleiter, wo ein fachlicher „Deep Dive" oft noch gefragt ist.

Kernfrage 15

„Welche Entwicklungen erleben Sie aktuell als prägend für Ihren Fachbereich?"

Hintergrund

Die Halbwertszeit von Wissen sinkt kontinuierlich und viele Bereiche verändern sich gerade *disruptiv*. Aktuelles Fachwissen trägt dieser Entwicklung Rechnung und weist auf eine Haltung des Kandidaten hin, die von Interesse, Offenheit, Lernfähigkeit und Flexibilität zeugt. Darüber hinaus positioniert sich der Kandidat als Profi.

Darauf können Sie achten

- Eine Antwort kann branchenspezifisch erfolgen, indem beispielsweise die neuesten Entwicklungen in der Automobil- oder Pharmaindustrie dargestellt werden, oder, heruntergebrochen auf den speziellen Bereich des Kandidaten, Trends in der Erstellung von Designstudien oder der Entwicklung neuer Herz-Therapeutika. Es kann gleichermaßen funktionsspezifisch erfolgen, indem etwa neueste Entwicklungen im Controlling oder HR reflektiert werden, respektive in einzelnen Bereichen dieser Fachgebiete.
- Ein Mitglied des Senior- oder Top-Managements muss nicht die Details bestimmter Produkte, Prozesse und Entwicklungen parat haben; gerade aus der Helikopter-Perspektive sollte allerdings eine fundierte Einordnung aktueller Trends stattfinden.

- Wie weit definiert der Kandidat seinen Fachbereich? Ist er auch in der Breite und in angrenzenden Bereichen gut informiert?

Anschlussfragen

- Wie sehen Sie unser/Ihr Unternehmen bezüglich dieser Entwicklung aufgestellt?
- Welche fachlichen Entwicklungen und Herausforderungen kommen Ihrer Meinung nach in nächster Zeit auf uns zu?
- Wie können wir diese Entwicklung nutzen?
- Wie sind Sie darauf vorbereitet?
- Welche Entwicklungen bzw. Innovationen haben Sie selbst initiiert?
- Wie halten Sie sich über aktuelle Entwicklungen auf dem Laufenden?
- Wie informieren Sie sich über die Aktivitäten des Wettbewerbs?
- Welche Weiterbildung haben Sie im letzten Jahr besucht?

Kernfrage 16

„Welches sind die wesentlichen Indikatoren für eine hohe Arbeitsqualität in Ihrem Bereich?"

Hintergrund

Mit dieser Frage erkennen Sie das Qualitätsbewusstsein des Kandidaten ebenso wie die Bereitschaft, die eigene Leistung messen zu lassen.

Darauf können Sie achten

- Welche Indikatoren – wie beispielsweise finanzielle Kennzahlen oder Parameter der Kundenzufriedenheit – nennt der Kandidat?
- Nennt der Kandidat Beispiele, um die Leistungsparameter mit Leben zu füllen?
- Wie spontan antwortet der Kandidat? Vermittelt er den Eindruck, dass er sich mit der Fragestellung schon auseinandergesetzt hat?

Anschlussfragen

- Können Sie uns dafür ein aktuelles Beispiel nennen?
- Wie haben Sie diese Indikatoren durch Ihre Tätigkeit verbessern können?
- Welches sind die wesentlichen Stellschrauben, um die Arbeitsqualität in Ihrem Bereich zu verbessern?
- Welche Maßnahmen haben Sie als besonders effektiv erlebt, die Erfolgsindikatoren zu verbessern?

- In welchen Zeitabständen beobachten Sie diese Indikatoren?
- Gibt es Qualitätsindikatoren, an deren Optimierung Sie aktuell arbeiten oder die Sie zu verbessern planen?

Kernfrage 17

„Was macht Ihren Bereich für Ihr Unternehmen zu einem wirklichen Asset?"

Hintergrund

Fachliche Exzellenz findet immer im Unternehmenskontext statt. Entscheidend ist die Balance aus fachlichem Engagement und dessen Nutzen für das Unternehmen.

Darauf können Sie achten

- Spricht der Kandidat über Tätigkeiten oder stehen die Ergebnisse im Fokus? Was trägt der eigene Fachbereich zum Erreichen der Unternehmensziele bei?
- Nennt der Kandidat eine Reihe von Tätigkeiten, wie beispielsweise „Wir entwickeln Bremsen", oder „Wir stellen ordnungsgemäße Buchungen sicher", dann fragen Sie nach dem messbaren Nutzen, den das Gesamtunternehmen dadurch erfährt. Beispielsweise größere Sicherheit als Verkaufsargument, Einsparungen oder Liquiditätssicherung usw.
- Tut sich ein Kandidat schwer, eine übergeordnete Perspektive einzunehmen, ist es in Zeiten des vernetzten Arbeitens empfehlenswert, mit einigen Anschlussfragen nachzuhaken.

Anschlussfragen

- Wofür sorgen Sie mit Ihrer Tätigkeit im Unternehmen?
- Schildern Sie eine Situation, in der Sie Ihrem Unternehmen durch Ihre Fachtätigkeit einen Wettbewerbsvorteil verschafften.
- Wie leiten Sie Ihre Bereichsziele aus den Unternehmenszielen ab?
- Welches sind die wesentlichen internen/externen Schnittstellen Ihres Bereichs?
- Wie stellen Sie die reibungslose Abstimmung mit anderen Bereichen Ihres Unternehmens sicher? Wo kam es doch schon einmal zu Schwierigkeiten in der Zusammenarbeit?

Kernfrage 18

„Wenn Sie innerhalb Ihres Bereichs noch einmal differenzieren – worin sind Sie besonders gut?"

Hintergrund

Mit dieser Frage erhalten Sie ein Feintuning der Kompetenzbereiche des Kandidaten. Und Sie setzen indirekt einen hohen Qualitätsstandard, indem Sie gute von sehr guter bzw. sehr gute von exzellenter Leistung differenzieren.

Darauf können Sie achten

- Woran macht der Kandidat sein Expertentum fest, wo ist er ein wirklicher Kenner und Könner der Materie? Einige Antwortmöglichkeiten, die beispielsweise in diese Richtung gehen: Initiieren oder Steuern von komplexen Projekten, bahnbrechende Forschungen oder erfolgreiche Entwicklungen, Patente, Veröffentlichungen, Vorträge oder Reden.
- Zu welchen innovativen Lösungen und messbaren Ergebnissen hat die Expertise des Kandidaten für dessen Unternehmen geführt?
- Auch wenn der Kandidat hier zurückhaltend antwortet, was ja nicht unbedingt gegen ihn spricht – haken Sie freundlich nach und erwarten Sie eine klare Antwort.

Anschlussfragen

- Was unterscheidet in Ihrem Fachgebiet sehr gute von exzellenter Leistung?
- Welches war fachlich Ihr größter Erfolg?
- Wie ist Ihre Expertise gerade in diesem Gebiet entstanden?
- Was spornt Sie auf diesem Gebiet zu Spitzenleistungen an?
- Welche besonderen Anstrengungen haben Sie dafür unternommen?
- Wie sind Sie zum Publizieren gekommen?
- Wo hat Ihnen Ihre Expertise besonders genützt? Wo dem Unternehmen?

Kernfrage 19

„Wie beurteilen Sie die aktuelle Entwicklung von (Fachthema benennen)*?"*

Hintergrund

Hier können Sie mit dem Kandidaten über ein aktuelles, für den Fachbereich des Kandidaten relevantes Thema fachsimpeln. Diese Frage ist deshalb für ein Gespräch unter Kollegen auf Augenhöhe gut geeignet.

Darauf können Sie achten

- Wenn Sie ein relevantes Thema ausgesucht haben, sollte dem Kandidaten eine Antwort leichtfallen. Ist dies nicht der Fall, geben Sie ihm mit einem anderen Thema eine zweite Chance und versuchen Sie, den Grund für die ungenügende Antwort zu ergründen: Ist es allgemein mangelnde Kenntnis, haben Sie einen einzelnen blinden Fleck getroffen oder ist der Kandidat vielleicht extrem nervös?
- Nennt der Kandidat relevante Details und zeigt deren Implikationen für den Markt auf?
- Diese Frage eignet sich gut dazu, den Referenzrahmen des Kandidaten kennenzulernen – fokussiert er (auf Kosten des Gesamtbildes) eher auf Detailfragen oder hat er das große Ganze im Blick (ohne dieses hinreichend aufzuschlüsseln) – oder ist es eine pragmatische Mischung aus beidem?

Anschlussfragen

- Wen sehen Sie als federführend bei dieser Entwicklung an?
- Wie schätzen Sie den Stand unseres Unternehmens in Bezug auf diese Entwicklung ein?
- Sehen Sie konkurrierende Entwicklungen? Welche?
- Würden Sie zukünftig auf dieses Pferd setzen?
- Welche (besseren) Alternativen sehen Sie zu dieser Entwicklung?
- Was könnte den Erfolg dieser Entwicklung erschweren?
- Welches sind mögliche Risiken oder Nachteile dieser Entwicklung?

Kernfrage 20

„Welche fachlichen Entwicklungen in Ihrem Unternehmen gehen auf Ihre Initiative zurück?"

Hintergrund

Eine wesentliche Rolle von Experten in Unternehmen ist die des Impulsgebers. Sie kennen nicht nur die aktuelle Thematik und neuesten Trends, sondern können diese auch gezielt im Unternehmen einspielen. Dies erfordert neben Fachkenntnis die Fähigkeit, aktiv mit anderen Unternehmensbereichen zusammenzuarbeiten.

Darauf können Sie achten

- Benennt der Kandidat einige Projekte, Produkte, Prozesse oder Ähnliches, die primär auf seine Initiative hin ins Leben gerufen wurden?

- Versteht der Kandidat sein Fachgebiet als Teil des Ganzen und ist bereit, auch mit anderen Abteilungen zielführend zusammenzuarbeiten? Schildert er dafür aktuelle Beispiele?
- Hat der Kandidat das Ergebnis der Entwicklung für das Unternehmen im Auge oder erweckt er den Anschein, die Entwicklung sei Selbstzweck?
- Auch wenn der Kandidat keine Neuerungen nennen kann, die auf ihn zurückgehen – vielleicht ist er ein Experte in der Umsetzung? Haken Sie hier zielgerichtet nach, wenn Sie auf die Ursprungsfrage keine zufriedenstellende Antwort bekommen.

Anschlussfragen

- Woher kam für Sie der Anstoß, gerade diese Entwicklung zu forcieren?
- Welche Schritte haben Sie unternommen, um von der Idee zur Umsetzung zu kommen?
- Welche Schwierigkeiten haben Sie dabei gemeistert?
- Wie schätzen Sie im heutigen Stadium den Erfolg der Entwicklung ein? Welches Feedback haben Sie schon bekommen?

Kernfrage 21

„Welche Erfahrungen haben Sie mit der Vermittlung Ihrer Fachinhalte an fachfremde Kollegen gemacht?"

Hintergrund

Mitarbeiter, die ihre fachliche Exzellenz gekonnt und vor allem in einer dem Laien verständlichen Weise darstellen können, sind nicht immer ganz leicht zu finden. Mit dieser Frage erfahren Sie etwas über die geistige Flexibilität des Kandidaten, sich auf unterschiedliche Zielgruppen einzustellen – eine insbesondere in der Projektarbeit wichtige Kompetenz.

Darauf können Sie achten

- Fallen dem Kandidaten einige Beispiele ein, in denen er das eigene Fachwissen mit anderen geteilt hat – sei es in Projektgruppen, bei Verkaufsgesprächen, bei Strategiemeetings oder auch nur im täglichen Austausch mit anderen Fachabteilungen?
- Stellt der Kandidat sein Thema übermäßig komplex und als kaum vermittelbar dar? Dann haben Sie es vielleicht mit einem echten Spezialisten zu tun – der Anteil an sozialer Interaktion im Anforderungsprofil sollte allerdings nicht zu hoch sein.

Anschlussfragen

- Wie stellen Sie sicher, dass auch Nicht-Fachleute Ihren Ausführungen folgen können?
- Ist es schon einmal vorgekommen, dass Kollegen, Vorgesetzte oder Kunden Schwierigkeiten hatten, Ihren fachlichen Darstellungen zu folgen?
- Ist Ihnen das umgekehrt selbst schon einmal passiert?
- Welche Erwartung hat beispielsweise Ihr Vorstand, wenn Sie ihm ein neues Projekt präsentieren, worauf haben Sie da besonders geachtet?
- Wann hat Sie das letzte Mal ein Kollege oder Kunde um die Erläuterung einer schwierigen fachlichen Thematik gebeten?

Kernfrage 22

„Können Sie uns eine Situation schildern, die Sie fachlich als Herausforderung erlebt haben?"

Hintergrund

Zum einen erfahren Sie mit dieser Frage, womit sich der Kandidat beschäftigt hat, was er als Schwierigkeit erlebt hat und wo ggf. ein Lernprozess stattgefunden hat. Zum anderen erfahren Sie etwas über das Anspruchsniveau des Kandidaten sowie über seine Neigung, in fachlichen Fragen seine Grenzen auszuloten.

Darauf können Sie achten

- Berichtet der Kandidat freimütig von Herausforderungen? Das ist ein gutes Zeichen. Wer umgekehrt nie auf Schwierigkeiten stößt, verharrt tendenziell im Bekannten. Das spricht eher für ein moderates Anspruchsniveau.
- Sieht der Kandidat Schwierigkeiten als Lernchance, die er genutzt hat?
- Schildert der Kandidat Schwierigkeiten als Herausforderung, die er für normal hält und die er aktiv angeht oder sieht er Herausforderungen eher als Mühsal, die ihm das Leben unnötig erschweren?
- Manche Kandidaten lenken von sich selbst ab, indem sie die Schwierigkeiten auf einer anderen Ebene als der fachlichen ansiedeln, beispielsweise in mangelnden Ressourcen oder in der Unternehmenspolitik. Explorieren Sie die angesprochenen Bereiche kurz und gehen Sie dann wieder auf die fachliche Ebene zurück – wo ist der Kandidat selbst auf Schwierigkeiten gestoßen?

Anschlussfragen

- Was haben Sie getan, um diese Schwierigkeiten zu überwinden?
- Wie sind Sie dabei vorgegangen?
- Welche Lernpunkte haben Sie für sich aus diesen Schwierigkeiten gezogen? Was würden Sie künftig aufgrund dieser Erfahrung anders machen?
- Was hat Sie trotz der großen Schwierigkeiten dazu bewogen, am Ball zu bleiben?
- Welche Überzeugungsarbeit haben Sie unternehmensintern geleistet, um das Projekt trotz der Schwierigkeiten weiterzuverfolgen?
- Hatten Sie diese Schwierigkeiten vermutet, bevor Sie mit der Aufgabe begonnen haben?
- Welche Weiterbildungen haben Sie aktuell geplant?

5. Führung

Führungskräfte haben einen prägenden Einfluss auf Ergebnis, Kultur und Renommee ihres Unternehmens oder ihres Bereichs. An diesen relevanten Schaltstellen der Macht lässt sich also einiges zum Vorteil des Unternehmens bewegen. Umso wichtiger ist es, dass die Auswahl von Mitarbeitern mit Führungsverantwortung äußerster Sorgfalt unterliegt. Doch wonach hält man eigentlich Ausschau? Weit verbreitet ist die Unterscheidung zwischen **Management** und **Leadership**. Während die Aufgaben eines Managers im Wesentlichen gekennzeichnet sind durch die Administration des Kreislaufs aus Zielsetzung, Umsetzung und Kontrolle, mit besonderem Blick auf die Wirtschaftlichkeit eines Unternehmens, wird von Leadern zudem strategische Kompetenz sowie ein Mehr an Gestaltungsfähigkeit erwartet. Als Basis für Auswahlgespräche bieten sich die nachfolgenden drei Komponenten der Führungsleistung an:

- Die Grundlage von Führung ist die **Führungsmotivation**, also der Wunsch, Einfluss auf Personen und Prozesse auszuüben und ein Unternehmen auf diese Weise zu gestalten, eng verknüpft mit ausgeprägtem Leistungs- und Erfolgswillen.
- Zum Wollen kommen mit dem Können die **handwerklichen Fähigkeiten**, beispielsweise die Technik des Feedback-Gebens oder der Budget-Erstellung.

- Die direkte Führungskraft ist meistens die wichtigste Bezugsperson eines Mitarbeiters im Unternehmen. Deshalb ist das **Führungsverhalten** ein zentraler Punkt in Auswahlgesprächen. Dieses speist sich aus den Erfahrungen, Einstellungen und Werten einer Person und spiegelt sich im Auftreten und Umgang wider.

Das Idealbild einer Führungskraft wird stark variieren. Neben der Position und den jeweiligen Anforderungen wird sich die Auswahl auch immer nach dem „Geschmack" einer Organisation richten, sodass es kein allgemein gültiges Führungskräfteprofil gibt, beziehungsweise nicht geben kann. Am ehesten vereint gute Führungskräfte in meiner Erfahrung, dass sie eigenständige Persönlichkeiten mit Ecken und Kanten sind, die primär im Interesse des Unternehmens agieren (vs. dem eigenen).

Kernfrage 23

„Was macht die Führungsrolle für Sie attraktiv?"

Hintergrund

Oft wird die Ausübung einer Führungsrolle als selbstverständlich angesehen. Diese Frage gewährt Ihnen einen Einblick in die Motive des Kandidaten, sich den besonderen Herausforderungen der Führungsrolle zu stellen. Zudem ist sie ein guter, weil sehr allgemeiner und positiv konnotierter Aufhänger für das Thema Führung.

Darauf können Sie achten

Folgende Motive werden häufiger genannt:
- Dinge bewegen und gestalten
- Einfluss nehmen und Entscheidungen treffen
- Mitarbeiter führen und entwickeln
- Erfolge erzielen

Im ersten Schritt werden diese Antworten deshalb kaum überraschen. Spannend wird es durch konkrete Beispiele und Ihre Nachfragen.

Anschlussfragen

- Was verstehen Sie unter „gestalten" – können Sie uns ein, zwei Beispiele geben?
- Was genau macht Ihnen an der Mitarbeiterführung Freude?
- Wann merkten Sie erstmals, dass Sie daran Freude haben?
- Inwiefern haben Ihnen diese Motive schon einmal über schwierige Zeiten hinweggeholfen?
- Welches sind für Sie die Schattenseiten der Führungsrolle? Warum nehmen Sie diese trotzdem in Kauf?

- Welches sind Ihre größten Erfolge als Führungskraft? Welchen Anteil haben die von Ihnen genannten Faktoren daran?

Kernfrage 24

„Wann hat sich Ihr Führungswille erstmals gezeigt?"

Hintergrund

Führungsmotivation zeigt sich oft schon früh im Leben – beispielsweise durch die Bereitschaft, Verantwortung zu übernehmen oder in einer ausgeprägten Leistungsorientierung.

Darauf können Sie achten

- Berichtet der Kandidat von besonderen Leistungen und Auszeichnungen, beispielsweise im Sport oder in der Musik, von verantwortungsvollen Positionen in Schule, Verein oder Universität oder auch von eigenen unternehmerischen Ambitionen?
- Selbstverständlich gibt es auch „Spätstarter" in Bezug auf Führung. Unter welchen Umständen hat der Kandidat Geschmack an dieser Aufgabe gefunden?
- Ist im Umgang mit dem Thema Führung eine Selbstverständlichkeit zu erkennen? Oder hören Sie aus der Antwort ein gewisses Unbehagen im Umgang mit Macht heraus: „Ich will die Führungskraft nicht so raushängen lassen"?

Anschlussfragen

- Das ist auch für uns ein wichtiger Punkt – können Sie uns dafür ein Beispiel schildern?
- Wie würden Sie Ihren Mehrwert als Führungskraft für Ihre Mitarbeiter zusammenfassen? Wie würden Ihre Mitarbeiter diese Frage beantworten?
- Welche Erfahrungen haben Sie bei Ihren früheren Führungsfunktionen in Bezug auf Ihre heutige Führungstätigkeit gemacht?
- Welche Erwartungen verknüpfen Sie mit einer Führungsposition?
- Was hat Sie auf Ihrem Weg als Führungskraft darin bestätigt, die richtige Entscheidung getroffen zu haben?
- Welches waren Ihre ersten Erfolge als Führungskraft?
- Wo sehen Sie in Ihrer Führungsrolle Entwicklungsmöglichkeiten?

Kernfrage 25

„An welchen Grundsätzen richten Sie Ihre Führungstätigkeit aus?"

Hintergrund

Die Führungsrolle bringt eine große Verantwortung mit sich; immer wieder müssen auch schwierige Entscheidungen getroffen werden. Nicht nur in solchen Situationen ist es hilfreich, wenn man sich an verbindlichen Grundsätzen orientiert. Zudem sorgen gelebte Grundsätze für ein hohes Maß an Berechenbarkeit.

Darauf können Sie achten

- Die Kardinaltugenden (Klugheit, Gerechtigkeit, Besonnenheit und Tapferkeit) können ein guter Ausgangspunkt bei dieser Frage sein. Dabei kann es sich durchaus um moderne Adaptionen dieser Tugenden handeln, die ihnen dem Sinn nach entsprechen, beispielsweise Risikobereitschaft oder Entscheidungsstärke.
- Der Wirtschaftswissenschaftler Fredmund Malik nennt sechs Grundsätze für das Erfüllen von Management-Aufgaben: Resultatorientierung, Beitrag zum Ganzen, Konzentration auf Weniges, Stärken nutzen, Vertrauen und positiv denken.
- Berichtet der Kandidat andere Grundsätze als die erwähnten, sollten diese einem Grundsatz entsprechen, also von einer allgemeingültigen Tragweite und universell anwendbar sein. Formulierungen wie „Ich greife auch mal hart durch, wenn es sein muss" oder „Ich bin wie ein Kollege für meine Mitarbeiter" erfüllen nicht die Anforderungen eines Grundsatzes.
- Gerade weil es sich bei Grundsätzen oft um abstrakte Konzepte handelt, sind Beispiele von deren Umsetzung im Führungsalltag besonders wichtig.

Anschlussfragen

- In welcher Situation haben Sie diese Leitlinie in Ihrer Führungspraxis angewendet? Mit welchem Ergebnis?
- In welcher Situation haben sich Ihre Werte als hilfreich erwiesen?
- Wo sind Sie mit Ihren Leitlinien schon einmal in Konflikt gekommen?
- Welche Risiken sind Sie eingegangen bzw. welche Nachteile haben Sie in Kauf genommen, um diese Grundsätze aufrechtzuerhalten?
- Wie stellen Sie sicher, dass diese Leitlinien auch in Ihrem Bereich gelebt werden?
- Was würden Ihre Mitarbeiter sagen, gegen welche Grundsätze sollte man in Ihrem Bereich besser nicht verstoßen?

Kernfrage 26

„Was macht Sie zu einer guten Führungskraft?"

Hintergrund

Mit dieser Frage erkennen Sie schnell, welches Konzept von Führung der Kandidat hat und in welchem Umfang es dem Ihren entspricht. Durch Beispiele aus dem Führungsalltag des Kandidaten erfahren Sie gleichzeitig, inwiefern er seinem Anspruch an Führungsleistung auch umsetzt.

Darauf können Sie achten

- Was zeichnet eine gute Führungskraft aus? Ein umfassendes Rollenverständnis, grundlegende Leitlinien, Persönlichkeitsmerkmale, einzelne Fähigkeiten, bestimmte Führungstechniken, Erfolge und Ergebnisse? Das alles sind valide Antworten und je eingehender sich der Kandidat mit dieser Frage beschäftigt hat, desto strukturierter und vor allem spontaner fällt seine persönliche Definition von Führungsleistung aus.
- Viele Kandidaten orientieren sich an den Aufgaben von Führung. Malik nennt folgende Aufgaben wirksamer Führung: für Ziele sorgen, Organisieren, Entscheiden, Kontrollieren, Menschen entwickeln und fördern.
- Elemente erfolgreicher Führung, die häufiger genannt werden und die man auch in der relevanten Literatur findet, sind:
  - Selbstkenntnis
  - Kontinuierliche Lernbereitschaft
  - Aufgeschlossenheit
  - Ergebnisorientierung
  - Zielsetzungskompetenz
  - Umsetzungsstärke
  - Entscheidungssicherheit
  - Auswahl & Entwicklung der passenden Mitarbeiter
  - Anerkennung von Leistung
  - Teilen von Macht (Empowerment)
  - Führen durch Beispiel
  - Stärkenorientierung
  - Vertrauen (in sich selbst und andere)
  - Chancenorientierung
  - Fokussierung auf Wesentliches
  - Organisationsvermögen
  - Bescheidenheit & Integrität
  - Resilienz und emotionale Stabilität
  - Konsequenz

Kann der Kandidat einige oder sogar mehrere dieser Begriffe mit Leben füllen und konkrete Situationen benennen, in denen er so agiert hat, haben Sie valide Indikatoren für eine gute Führungsleistung.

- In der Interviewpraxis tauchen immer wieder einmal dysfunktionale Führungsbilder auf, die der anspruchsvollen Aufgabe nicht gerecht werden, beispielsweise:
  - Der Kandidat positioniert sich als die beste Fachkraft.
  - Er verfolgt ein antiquiertes, zum Beispiel dirigistisches Führungsleitbild.
  - Er nutzt Plattitüden oder Modewörter („Coach", „Situative" oder „Kooperative Führung", „Meine Tür steht immer offen" ...) ohne diese mit konkreten Beispiel zu belegen (vgl. S. 59 f.).

Anschlussfragen

- Wie haben Sie diese Ergebnisse erzielt?
- Wie hat sich diese Eigenschaft bisher in konkreten Situationen in Ihrer Führungspraxis gezeigt?
- Zu welchen messbaren Ergebnissen hat dies geführt?
- Welches war Ihr größter Erfolg in Ihrer Führungslaufbahn?
- Wo sehen Sie Ihre Stärke eher: das Schiff bei hohem Seegang wieder auf Kurs zu bringen oder es bei normalem Seegang langfristig auf Kurs zu halten?
- Welches sind für Sie die zentralen Aufgaben einer Führungskraft?
- Welche Führungstechniken und -werkzeuge nutzen Sie?
- Auf einer Zehnerskala, wo siedeln Sie Ihre Führungsexpertise gemessen an Ihrem Idealbild an?
- Welches Feedback erhalten Sie von anderen zu Ihrer Führungsleistung?
- Wie und wodurch hat sich die Qualität Ihrer Führungsleistung im Laufe der Zeit entwickelt?
- Welche Führungsaufgaben empfinden Sie eher als unangenehm oder herausfordernd?

Kernfrage 27

„Welches sind Herausforderungen oder Probleme, mit denen Sie als Führungskraft immer wieder einmal konfrontiert sind?"

Hintergrund

Mit dieser Frage loten Sie die Randbereiche der Führungskompetenz des Kandidaten aus – welche Situationen fordern den Kandidaten aus seiner Sicht besonders heraus?

Darauf können Sie achten

- Neben der Art der Herausforderung an sich ist es hier ebenso interessant, wie der Kandidat das Problem einschätzt (beispielsweise dessen Größe und Komplexität), wie er damit umgegangen ist und welche Lernpunkte er daraus gezogen hat.
- Die Liste möglicher Probleme ist lang; häufiger genannt werden beispielsweise Personalführung, insbesondere Performance-Probleme, Zielkonflikte sowie knappe Ressourcen.
- In welcher Tonalität berichtet der Kandidat von den Schwierigkeiten: Gehören diese selbstverständlich zu seinem Alltag und werden souverän gelöst? Oder klagt der Kandidat über seine Mitarbeiter, die Umstände etc.?
- Im Umkehrschluss bekommen Sie mit dieser Frage auch Hinweise zu den Stärken des Kandidaten.
- Gar keine Probleme oder Herausforderungen zu haben, ist eher unglaubwürdig. Ebenfalls wirkt es wenig verantwortungsvoll, wenn Probleme, die der Kandidat anspricht, größtenteils andernorts angesiedelt sind, beispielsweise in einer fehlenden Unternehmensstrategie.

Anschlussfragen

- Welches war für Sie die größte Herausforderung, mit der Sie bisher konfrontiert wurden?
- Welche Lernpunkte haben Sie aus dieser Situationen gezogen?
- Wie sind Sie bei der Lösung vorgegangen?
- Auf welche Lösung eines Problems sind Sie besonders stolz?
- Gibt es einen Bereich, in dem Sie gern noch mehr Führungsexpertise hinzugewinnen möchten?

Kernfrage 28

„Wie stellen Sie sicher, dass Sie die Leistungsziele Ihres Bereichs erreichen?"

Hintergrund

Würde man Führungsleistung auf den kleinsten gemeinsamen Nenner bringen, so wäre das Ergebnis sicher das Erreichen (und Übertreffen) der Leistungsziele. Alle weiteren Facetten der Führungsleistung dienen letztlich diesem einen Zweck.

Darauf können Sie achten

- Ein wesentlicher Aspekt in diesem Frageblock ist der Grad der Zielerreichung, den der Kandidat für seinen Bereich erreicht hat. Trifft der Kandidat hierzu eine offene und klare Aussage?
- Eine weitere wichtige Facette ist die Operationalisierung der Unternehmensziele in relevante Bereichsziele. Benennt der

Kandidat dazu Beispiele? Hier spielt auch die Priorisierung der Ziele eine wichtige Rolle, insbesondere bei knappen Ressourcen.

- Die Kommunikation der Ziele an die Mitarbeiter ist ein weiterer wichtiger Punkt, auch wenn wir hier schon das Thema Personalführung streifen. Letztlich greifen Ziele nur, wenn sie von den Mitarbeitenden verstanden und akzeptiert sind.
- Wie und in welcher Frequenz behält der Kandidat die Zielerreichung im Blick?

Anschlussfragen

- Auf das Erreichen welcher (zwei bis drei) Ziele sind Sie (im letzten Jahr, in Ihrer aktuellen Position) stolz?
- Wenn Sie einmal Ihre aktuelle Position betrachten, wie hat sich Ihre persönliche Zielerreichung im Zeitverlauf entwickelt? Wie kam es ggf. zur Über- und Unterschreitung?
- Ist es in letzter Zeit vorgekommen, dass Sie Ihre Ziele nicht erreicht haben und, falls ja, was waren die Gründe dafür?
- Bitte nennen Sie uns ein Beispiel für Ihr außergewöhnliches Engagement/das Ihres Bereichs.
- Bitte nennen Sie uns ein Beispiel dafür, wie es Ihnen besonders gut gelungen gut ist, ein Unternehmensziel in handhabbare Bereichs- oder Mitarbeiterziele herunterzubrechen.
- Wie gehen Sie persönlich/für Ihren Bereich bei der Prioritätensetzung von Zielen vor? Gibt es ein Beispiel aus der jüngeren Vergangenheit?
- Bitte geben Sie uns ein Beispiel dafür, wie Sie es vermocht haben, knappe Ressourcen (Zeit, Personal, ...) mit dem Erreichen Ihrer Zielvorgaben in Einklang zu bringen.
- Wie legen Sie den Schwerpunkt bei Ihren Mitarbeitern in Bezug auf qualitative und quantitative Ziele?
- Wie stellen Sie die Akzeptanz der Ziele durch Ihre Mitarbeiter sicher? Wie begeistern Sie Ihre Mitarbeiter davon?
- Wie behalten Sie den Zielerreichungsgrad Ihres Bereichs/Ihrer Mitarbeiter im Blick?
- In welcher Frequenz überprüfen Sie die Zielerreichung? Schildern Sie uns doch bitte ein Beispiel, wie Sie bei erkannten Zielabweichungen vorgegangen sind.
- Wie integrieren Sie die sich unterjährig ändernden Ziele?

Kernfrage 29

„Wie stellen Sie die marktgerechte, strategische Ausrichtung Ihres Bereichs sicher?“

Hintergrund

Mit dieser Frage klären Sie das Rollenverständnis des Kandidaten: Haben Sie es eher mit einem *Verwalter* zu tun, der „den Laden am Laufen hält“, oder mit einem *Gestalter*, der Bestehendes in Frage stellt, um die Zukunfts- und Wettbewerbsfähigkeit seines Bereichs und des Unternehmens als Ganzes zu gewährleisten?

Gestaltungsfähigkeit und -willen gewinnen mit dem hierarchischen Aufstieg an Bedeutung; aber auch der Team- und Abteilungsleiter ist gefragt, Innovation und Marktnähe kontinuierlich voranzutreiben, um den eigenen Bereich auf Erfolgskurs zu halten.

Darauf können Sie achten

Das mögliche Antwortspektrum für diese Frage ist weit gesteckt, wie auch die zahlreichen Vertiefungs- und Anschlussfragen zeigen:

- Steht das Thema aktiv auf der Agenda des Kandidaten? Hinweise dafür sind in letzter Zeit eingeführte Verbesserungen/ Neuausrichtungen und aktuell in der Umsetzung befindliche Optimierungsprojekte. Darüber hinaus verfügt der Kandidat über eine kurz- bis mittelfristige, konkrete Planung in Bezug auf eine marktgerechte Neuausrichtung und hat auch langfristige Entwicklungen im Blick.
- Nennt der Kandidat die wesentlichen Treiber und Initiatoren für Veränderungen und strategische Neuausrichtungen und findet dafür Beispiele aus seiner Praxis (Kunden, Technologie, Wettbewerber ...)?
- Behält der Kandidat bei Neuerungen die Unternehmensstrategie im Blick?
- Viele Kandidaten verfügen über eine Systematik, um den Status quo gezielt zu überprüfen und entsprechende Maßnahmen abzuleiten (Mitarbeiterzirkel, Konkurrenzbeobachtung ...).
- Bei Kandidaten mit einem sehr ausgeprägten Hang zu Neuerungen können Sie auf die zwei Facetten „Implementierung“ und „Akzeptanz“ achten.

Anschlussfragen

- Wie stellen Sie sicher, dass Sie über neue Marktentwicklungen gut informiert sind? Wie informieren Sie sich?
- Wie sehen Sie den Wettbewerb aufgestellt?

- Wer sind aus Ihrer Sicht die Innovationstreiber Ihrer Branche, Ihres Funktionsbereichs? Wo sehen Sie Ihr aktuelles Unternehmen, wo unseres?
- So wie Sie unser Haus bisher kennengelernt haben, an welchen Stellen würden Sie (in Ihrem Bereich) ansetzen, um weitere Verbesserungen zu erzielen?
- Wie sorgen Sie dafür, dass neue Ideen und Verbesserungsvorschläge Eingang in die Arbeit Ihres Bereichs finden?
- Gibt es in Ihrem Bereich bestimmte Mitarbeiter, die Sie hinzuziehen, wenn es um Neuausrichtungen oder die Umsetzung neuer Ideen geht? Können Sie uns dazu ein Beispiel nennen?
- Wie evaluieren Sie Vorschläge für Verbesserungen/Neuausrichtungen?
- Nennen Sie uns ein Beispiel, wie Sie bei der Einführung von Verbesserungen/strategischen Neuausrichtungen vorgegangen sind. Wie haben Sie insbesondere für die zügige Implementierung und die Akzeptanz der Neuerungen gesorgt? Und wie haben Sie die Passung zur Unternehmensstrategie sichergestellt?
- Wie viel Zeit verwenden Sie ganz bewusst darauf, die Ausrichtung Ihres Bereichs zu überdenken, sei es für sich oder im Kreis von Kollegen und Mitarbeitern?
- Wenn Sie einmal das letzte Jahr betrachten, welches waren die Treiber für Verbesserungen in Ihrem Bereich (Wettbewerber, Technologie, Vorschläge und Ideen Ihrer Mitarbeiter ...)?
- Zu welchen Wettbewerbsvorteilen haben diese Verbesserungen Ihrem Bereich/dem Unternehmen verholfen?
- Von wem gingen die Veränderungsprozesse in Ihrem Bereich aus (Kunde, Unternehmensleitung, Mitarbeiter, Wettbewerber, eigene Ideen ...)?
- Welches sind aus Ihrer Sicht die Mega-Trends Ihrer Branche/ Ihres Funktionsbereichs?
- Welche neuen Anforderungen sehen Sie kurz- und mittelfristig auf Ihren Bereich zukommen?
- Welche Veränderungen in der (strategischen) Ausrichtung Ihres Bereichs planen Sie innerhalb des nächsten Jahres umzusetzen? Welche Ergebnisverbesserungen erwarten Sie sich davon? Welche konkreten Schritte haben Sie schon zur Umsetzung unternommen?
- Wann haben Sie persönlich das letzte Mal etwas anders gemacht?

Kernfrage 30

„Was zeichnet Ihre Mitarbeiterführung aus?"

Hintergrund

Mit dieser Frage lenken Sie die Aufmerksamkeit des Kandidaten auf eine wesentliche Zielgruppe seines Handelns: seine Mitarbeiter. Aus den Antworten hören Sie heraus, was er unter Mitarbeiterführung versteht und welchen Stellenwert seine Mitarbeiter für ihn haben. Auch weil diese zunehmend schwerer zu finden und zu halten sind, ist gute Mitarbeiterführung ein entscheidender Erfolgsfaktor. Und letztlich kann eine Führungskraft nur so gut sein wie ihre Mitarbeiter.

Darauf können Sie achten

- Eine schnelle und kompakte Antwort signalisiert Ihnen, dass sich der Kandidat schon im Vorfeld mit dieser Aufgabe auseinandergesetzt hat.
- Erfolge und deren Anerkennung sind Grundvoraussetzung für Zufriedenheit und Motivation aufseiten der Mitarbeiter. Daraus ergeben sich folgende Kriterien für wirksame Führung:
  - Eine klare und anspruchsvolle Zielsetzung
  - Eine Aufgabenverteilung entsprechend den Stärken, Talenten und Fähigkeiten der Mitarbeiter
  - Das Bereitstellen der nötigen Ressourcen und der notwendigen Entscheidungs-Spielräume für die Zielerreichung.
  - Die Unterstützung im Prozess der Zielerreichung, falls die Mitarbeiter allein nicht mehr weiterkommen
  - Klares Feedback (positiv wie kritisch), die konsequente und individuelle Anerkennung von Leistung sowie das gemeinsame Feiern von Erfolgen
  - Die Entwicklung der Mitarbeiter am Arbeitsplatz sowie durch formale Weiterbildung

- Hinzu kommen einige Verhaltensweisen der Führungskraft, die diesen Prozess unterstützen, zum Beispiel durch:
  - Das Aufzeigen des Sinnzusammenhangs im Unternehmenskontext (Blick für das Ganze)
  - Das Ausüben einer Vorbildfunktion. Beispielsweise indem auch eigene Erfolge und Misserfolge mitgeteilt werden, indem die Führungskraft selbst große Anstrengungen unternimmt, um Ziele zu erreichen und indem die Führungskraft in kritischen Situationen zielgerichtet agiert
  - Einen kommunizierten Glauben an die Leistungsfähigkeit der Mitarbeiter (Mitarbeiter bestärken)
  - Berechenbarkeit und Vertrauenswürdigkeit (Walk the Talk).
  - Erreichbarkeit

- Selten wird ein Kandidat eine vollständige Auflistung dieser Verhaltensweisen parat haben, doch sollten sich diese dem Sinn nach in einem eigenständigen Gedankengebäude und Beispielen widerspiegeln.
- Gerade gute Führungskräfte werden eingestehen, dass auch bei ihrer Mitarbeiterführung nicht immer alles perfekt läuft, und offen über mögliches Optimierungspotenzial sprechen.
- Es kann vorkommen, dass der Kandidat zumindest als erste, spontane Antwort auf diese Frage eine Reihe von (vermeintlichen) Floskeln nennt. Kann er diese mit konkreten Beispielen aus der Führungspraxis füllen? So stellen Sie sicher, dass der Kandidat nicht einfach nur Klischees abspult, sondern treffende Aussagen zu seinem persönlichen Führungsstil macht. Im Folgenden finden Sie häufig genutzte Klischees, verbunden mit Hinweisen zu möglichen Nachfragen.

Floskeln

- *„Meine Tür steht immer offen"*
  Diese Aussage kann in ihrer Absolutheit nicht zutreffen. Hier bietet es sich an, das Wort „immer" genauer zu hinterfragen. Außerdem kann diese Aussage ein Hinweis darauf sein, dass die Führungskraft eher reaktiv agiert und dass sie keine regelmäßigen und geplanten Mitarbeitergespräche führt. In diesem Fall schaffen Fragen zur Regelkommunikation Klarheit.

- *„Fordern und fördern"*
  Zunächst kann es bei dieser Aussage hilfreich sein, den Kandidaten zu einer eindeutigen Positionierung zu bewegen, beispielsweise durch die Frage: „Was würden uns Ihre Mitarbeiter sagen? Wovon bekommen diese im Alltag mehr mit – vom Fordern oder vom Fördern?" Im Anschluss geht es dann um die Operationalisierung der beiden Pole: „Schildern Sie uns doch bitte ein Beispiel dafür, wie Sie einen Mitarbeiter gefordert und gleichzeitig gefördert haben."

- *„Kooperativer Führungsstil"*
  Mit einem durchgängig kooperativen oder allzu kollegialen Führungsstil gelangt man schnell an seine Grenzen, beispielsweise wenn unakzeptable Ergebnisse vorliegen, im Team kein Konsens herrscht oder unpopuläre Entscheidungen getroffen werden müssen. Wo liegen für den Kandidaten die Grenzen dieses Führungsstils? Welche Ausnahmen gibt es? Außerdem kann es in diesem

Kontext sinnvoll sein, die Führungsmotivation des Kandidaten noch einmal zu überprüfen: Will der Kandidat wirklich Einfluss und Macht ausüben?

- *„Gute Stimmung"*
  Eine gute Stimmung am Arbeitsplatz ist wünschenswert. Doch was genau meint der Kandidat damit? Geht es beispielsweise um eine von Vertrauen und Offenheit geprägte Arbeitsatmosphäre oder um oberflächliche Freundlichkeit? Wie führt der Kandidat diese gute Stimmung konkret herbei? Und zu welchen positiven Ergebnissen führt das aus seiner Sicht? Hilfreich kann auch die Frage nach Beispielen für Ausnahmen von dieser guten Stimmung sein. Wie steuert der Kandidat in solchen Fällen gegen?

- *„Hart, aber fair"*
  Bei dieser Formulierung besteht zumindest ein kleiner Anfangsverdacht, dass der Kandidat zu einer eher autoritären Auslegung der Führungsrolle neigen könnte. Denn wieso muss Führung „hart" sein? Und wer entscheidet, was „fair" ist?

- *„Situativer Führungsstil"*
  Eigentlich sollte es ja für Vorgesetzte eine Selbstverständlichkeit sein, Mitarbeiter ihren jeweiligen Fähigkeiten und ihrer Motivation entsprechend unterschiedlich zu führen. Doch ein situativer Führungsstil wird häufig in Trainings gelehrt und gerne als Management-Blaupause genutzt. Warum hat sich der Kandidat diesen speziellen Führungsstil zu eigen gemacht? Und welche konkreten persönlichen Erfahrungen hat er damit im Alltag gesammelt?

- *„Immer vor den Mitarbeitern stehen"*
  Es ist wünschenswert, dass eine Führungskraft für Fehler ihres Teams einsteht, die Verantwortung übernimmt und nicht alle Entscheidungen und Anforderungen ungefiltert an ihre Mitarbeiter durchreicht. Das kann allerdings eine schwierige Rolle sein: Wie setzt der Kandidat diese Erwartungshaltung konkret um? Wo hat ihn diese Vorgehensweise schon einmal in einen Konflikt geführt?

- *„Alle gleich behandeln"*
  Erfolgreiche Führung beruht gerade darauf, Mitarbeiter individuell anzusprechen und zu fördern, um ihre unterschiedlichen Stärken bestmöglich zu nutzen. Wie löst der Kandidat diesen (vermeintlichen) Widerspruch auf?

Anschlussfragen

- Wie stellen Sie sicher, dass Ihre Mitarbeiter Erfolg haben? (s. auch Kernfrage 31)
- Welches Kompliment würden Sie als größte Anerkennung Ihres Führungsstils empfinden?
- Wo hat sich diese Eigenschaft in einer konkreten Situation gezeigt? Mit welchem Ergebnis?
- Bitte beschreiben Sie einen Ihrer Mitarbeiter möglichst differenziert in Bezug auf dessen Stärken und Schwächen.
- Wie gehen Sie mit Fehlern Ihrer Mitarbeiter um? Bitte geben Sie uns ein Beispiel dafür.
- Wer war bisher Ihr „schwierigster" Mitarbeiter?
- Wie unterscheidet sich Ihre Führung eines leistungsstarken von der eines eher leistungsschwachen Mitarbeiters?
- Wie führen Sie Mitarbeiter in virtuellen Teams?
- Wie gestalten Sie die Regelkommunikation in Ihrem Bereich?
- Wann haben Sie das letzte Mal einen Erfolg mit Ihrem Team gefeiert?
- Wie würden Ihre Mitarbeiter die Aussage „Herr/Frau (Name des Kandidaten) ist eine konsequente Führungskraft" bewerten?
- Über welche Ihrer Eigenschaften oder Verhaltensweisen würden Ihre Mitarbeiter wahrscheinlich nicht ganz so begeistert berichten?
- Was würde Ihr Vorgesetzter über Ihre Art der Mitarbeiterführung sagen? Und Ihre Kollegen?
- In welchen Bereichen würden Sie Ihre Mitarbeiterführung als vorbildlich bezeichnen?

Kernfrage 31

„Wie führen Sie einzelne Mitarbeiter und Teams zum Erfolg? Schildern Sie uns bitte je ein Beispiel."

Hintergrund

Mitarbeiter zum Erfolg führen – das ist eines der wichtigsten Ziele einer Führungskraft. Inhaltlich ist diese Frage ähnlich positioniert wie die vorhergehende, sie lässt dem Kandidaten allerdings nicht so viel Spielraum, denn es geht gleich um konkrete Beispiele.

Darauf können Sie achten

- Obwohl der Erfolg der eigenen Mitarbeiter für jede Führungskraft im Fokus stehen sollte, ist dieses Konzept meiner Erfahrung nach nicht so weit verbreitet. Nicht viele Führungskräfte würden sich selbst spontan als „Erfolgs-Ermöglicher" definieren. Deshalb ist es auch interessant, wie der Kandidat im ersten Moment darauf verbal und nonverbal reagiert.

- Eine gute Möglichkeit, die Antworten des Kandidaten einzuordnen, kann folgende Systematisierung sein:
  - Eine Bereichskultur schaffen, die das Erbringen guter Leistung unterstützt, beispielsweise durch strukturierte und effektive Kommunikation, wertschätzenden Umgang, Fokus auf Ergebnisse sowie ein innovationsfreundliches Klima;
  - gute Kenntnis der individuellen Stärken der eigenen Mitarbeiter und entsprechende Zuteilung passender, anspruchsvoller Aufgaben sowie Weiterbildung am Arbeitsplatz und durch formale Trainings;
  - Leistungsfeedback: Lernen aus Fehlern und Anerkennung von Erfolgen.

Anschlussfragen

- Was war Ihr Beitrag zu diesem Erfolg?
- Inwiefern wäre der Mitarbeiter auch ohne Ihre Führungsleistung erfolgreich gewesen?
- Wie sorgen Sie für die richtigen Rahmenbedingungen, damit Ihre Mitarbeiter Erfolg haben können?
- Wie setzen Sie das Instrument der Delegation für den Erfolg Ihrer Mitarbeiter ein?
- Wie erkennen Sie gute und schlechte Leistung an?

Kernfrage 32

„Wie integrieren Sie Personalentwicklung in Ihren Führungsalltag?"

Hintergrund

Personalentwicklung ist eine der Kernaufgaben einer Führungskraft. Denn diese kennt ihre Mitarbeiter und kann deren Stärken und Potenziale idealerweise gut einschätzen (vs. die Kollegen der Personalentwicklung). Und auf der bestmöglichen Nutzung dieser Stärken und Potenziale beruht der Erfolg einer Führungskraft ebenso wie der des Unternehmens. Insbesondere in Zeiten, in denen die übrigen Ressourcen wie Kapital oder Technologie weltweit zunehmend vergleichbar sind.

Darauf können Sie achten

- Verdeutlicht der Kandidat durch eine zügige Antwort, dass er sich mit Personalentwicklung als einer seiner Kernaufgaben bereits beschäftigt hat und füllt das Konzept durch Beispiele mit Leben?
- Sind dem Kandidaten wesentliche Aufgaben der Personalentwicklung geläufig? – Beispielsweise eine gute Kenntnis seiner Mitarbeiter und deren Fähigkeiten, die Anerkennung von erbrachter Leistung (positiv wie kritisch) sowie eine anspruchs-

volle Zuteilung von Aufgaben, die Lernchancen in den Alltag einbaut ebenso wie formale Weiterbildungen?

- Idealerweise schildert der Kandidat sein Vorgehen anhand konkreter Beispiele. Das kann ein Mitarbeiter sein, den er besonders gefördert hat oder die Zuteilung einer Aufgabe unter Berücksichtigung des Lernaspekts für den Mitarbeiter.
- Kann der Kandidat mit dem Konzept der Personalentwicklung als Führungsaufgabe wenig anfangen, versteht PE als Aufgabe der Personalabteilung oder sieht darin lediglich Trainings, auf die er seine Mitarbeiter schickt? In solchen Fällen sind Nachfragen angebracht, denn diese Führungsaufgaben lassen sich kaum wegdelegieren.

Anschlussfragen

- Nach welchen Kriterien teilen Sie Aufgaben zu?
- Wie bauen Sie Lernmöglichkeiten für Ihre Mitarbeiter in den Alltag ein?
- Bitte geben Sie uns ein Beispiel von einem Mitarbeiter, den Sie besonders gefördert haben.
- Wann haben Sie das letzte Mal ein Feedback-Gespräch mit einem Mitarbeiter geführt, dessen Anlass eine gute oder sehr gute Leistung war?
- Aus welchem Anlass haben Sie in letzter Zeit ein kritisches Feedback-Gespräch mit einem Mitarbeiter geführt?
- Wie gehen Sie mit Fehlern Ihrer Mitarbeiter um?
- Wie stellen Sie sicher, dass Fehler in Ihrem Bereich als Lernchance genutzt werden?
- Bitte beschreiben Sie einen Ihrer Mitarbeiter möglichst differenziert in Bezug auf seine Stärken und Potenziale.
- Bitte schildern Sie uns eine Situation, in der Sie eine Aufgabe unter besonderer Berücksichtigung des Lernaspekts an einen Mitarbeiter delegiert haben.
- Bitte beschreiben Sie uns einen Mitarbeiter, der im letzten Jahr eine steile Lernkurve durchlaufen hat. Wie haben Sie dazu beigetragen?
- Wie viele Mitarbeiter haben Sie in den letzten ein, zwei Jahren aus Ihrem Bereich in neue, verantwortungsvolle Positionen entwickelt? Geben Sie uns bitte ein Beispiel.

Kernfrage 33

„Wodurch wird die Zusammenarbeit in Ihrer Abteilung geprägt sein, wenn wir dort nach einiger Zeit vorbeischauen?"

Hintergrund

Unternehmenskultur wird maßgeblich von den verantwortlich handelnden Personen beeinflusst. Welche Akzente würde der Kandidat setzen?

Darauf können Sie achten

- Hat der Kandidat klare Vorstellungen davon, wie er die Rahmenbedingungen für die Zusammenarbeit/das Miteinander in seinem Bereich gestalten will?
- Themenbereiche, die Kandidaten in diesem Kontext oft nennen: offene Kommunikation, Erreichbarkeit der Führungskraft, Einbinden der Mitarbeiter, das Gefühl, im Team etwas erreichen zu wollen (Mission, Spirit), Leistung, Anerkennung und Feedback, Hilfsbereitschaft und Unterstützung, Spaß an der Arbeit, Feiern von Erfolgen, Lernen und Humor.
- Wie passen die Aussagen des Kandidaten zu Ihrer Kultur?

Anschlussfragen

- Wie haben Sie das bisher erreicht?
- Wie wollen Sie das erreichen?
- Aus welchen Gründen legen Sie den Fokus gerade auf diese Maßnahmen?
- Wie häufig setzen Sie Abteilungsmeetings an? Wie sehen diese aus?
- Wie stellen Sie sicher, dass in Ihrem Bereich eine Kultur vorherrscht, in der Leistung gefordert und gefördert wird?
- Wie feiern Sie Erfolge mit Ihrem Team?

Kernfrage 34

„Schildern Sie uns bitte ein größeres Projekt, das Sie geleitet haben und das richtig gut gelaufen ist. Was waren Ihre Erfolgsfaktoren?"

Hintergrund

Neben die klassische Führung in der Linienorganisation tritt zunehmend die Führung im Rahmen von Projekten, die einige Besonderheiten aufweist: Start-up-Situation mit neu formierten Mitarbeitern, zeitliche Begrenzung und hoher Anspruch an die Koordination. Wie hat der Kandidat seine Erfolge erzielt?

Darauf können Sie achten

Als Erfolgsfaktoren bieten sich die Schritte des Projektmanagements entlang der nachfolgenden Punkte an:

- Auftragsklärung: Zielsetzung und Erfolgskriterien
- Planen der Ressourcen
- Auswahl der Projektmitarbeiter
- Etablieren von Kommunikationsstrukturen und Regeln der Zusammenarbeit
- Erzielen von Quick Wins
- Kontinuierliches Monitoring des Fortschritts im Team und Nachsteuern
- Übergabe des Projekts
- Etablieren der Lernpunkte und Feiern des Erfolgs

Daneben gibt es im Rahmen des agilen Projektmanagements zahlreiche spezielle Techniken, wie Kanban, Design Thinking und Scrum, die den Rahmen dieses Buches sprengen würden.

Anschlussfragen

- Welches war der wichtigste Erfolgsfaktor bei diesem Projekt?
- Wie sind Sie das Projekt angegangen?
- Wie haben Sie es erreicht, dass das Team zügig in den Zustand der Leistungsfähigkeit gekommen ist?
- Wie haben Sie sichergestellt, dass die Kommunikation im Team gut funktioniert?
- Wie haben Sie es geschafft, auch in schwierigen Situationen das Moment zu halten?
- Gab es einen Zeitpunkt, zu dem das Projekt aus dem Ruder zu laufen drohte? Was taten Sie, um dem entgegenzuwirken?
- Welche Projektmanagement-Techniken haben sich für Sie als besonders nützlich erwiesen? In welchem Kontext?
- Welche Erfahrungen haben Sie im agilen Projektmanagement?
- Wie stellen Sie die Qualität der Arbeitsergebnisse in einem komplexen Projekt sicher?

Kernfrage 35

„Können Sie uns einen Veränderungsprozess schildern, den Sie mit Ihren Mitarbeitern erfolgreich gestaltet haben?"

Hintergrund

Veränderungsprozesse sind an der Tagesordnung. Mergers & Acquisitions, Restrukturierungen, strategische Neuausrichtungen, um nur einige zu nennen, gehören dazu. Deren erfolgreiche Gestaltung hat einen großen Einfluss auf die Arbeitsergebnisse und den Unternehmenserfolg. Aber auch im Kleinen ist es von entscheidender Bedeutung, Veränderungen und Verbesserungen zu initiieren und aktiv voranzutreiben, um wettbewerbsfähig und erfolgreich zu bleiben.

Umsetzungsphasen	Inhalt	Ergebnis
1. Auftauen & Lösen	- Veränderungswunsch und -bereitschaft wecken - Notwendigkeit klarmachen - Richtung festlegen	Vergangenes wird gewertet und verabschiedet. Attraktive Ziele sind bekannt.
2. Mobilisieren	- Erste Veränderungsschritte ausprobieren - Vertrauen und Zuversicht schaffen	Bereitschaft für Veränderungen ist etabliert. Mitarbeiter unterstützen den Veränderungsprozess.
3. Realisieren	- Erfolgreiche Verhaltensänderung erreichen	Veränderungen nehmen Gestalt an und erste Leistungssteigerungen werden sichtbar.
4. Verstärken	- Veränderungen durch neue Prozesse und Strukturen untermauern	Neues wird etabliert, Leistung wird gezeigt.
5. Ausbauen	- Mitarbeiter wirken aktiv an der Weiterentwicklung der neuen Situation mit	Kontinuierliche Weiterentwicklung und Leistungssteigerung.

Abb.: Spezifika des Veränderungsprozesses im Überblick

Darauf können Sie achten

- Das Management eines Veränderungsprozesses hat viel mit dem Projektmanagement gemeinsam. Ergänzend sind in dieser Tabelle die Spezifika des Veränderungsprozesses im Überblick dargestellt.
- Verfügt der Kandidat – unabhängig von den Schritten in der Tabelle – über ein Konzept davon, wie er im Veränderungsprozess zum Ziel kommt und dabei die Mitarbeit von Beteiligten und Betroffenen sicherstellt?

Anschlussfragen

- In welchen Schritten sind Sie vorgegangen?
- Was hat den Veränderungsprozess zum Erfolg gemacht?
- Wie gewinnen Sie Mitarbeiter für Veränderungen?
- Wo gab es auf dem Weg Hindernisse? Wie haben Sie diese überwunden?
- Welches waren die Ergebnisse des Veränderungsprozesses?
- Welche Lernpunkte haben Sie für künftige Veränderungsprozesse mitgenommen?
- Wie sorgen Sie im Alltag dafür, dass Veränderungsbedarf erkannt, thematisiert und umgesetzt wird?
- Wenn wir einmal die großen Projekte außen vor lassen, wie sorgen Sie Tag für Tag dafür, dass Vorgehensweisen in Ihrem Bereich verbessert werden?

- Welche „kleinen" Verbesserungen haben Sie in den letzten Wochen in Ihrem Bereich realisiert?

Kernfrage 36

„Wie wollen Sie sich als Führungskraft weiterentwickeln?"

Hintergrund

Führung ist so komplex, dass eigentlich immer Lernbedarf besteht. Das trifft vor allem auf junge Führungskräfte zu, bei denen eher die Grundlagen im Vordergrund stehen. Aber auch „alte Hasen" sind gut beraten, die eigene Motivation sowie Techniken und Verhaltensweisen immer wieder einmal zu hinterfragen und ggf. aufzufrischen. Zudem schafft eine Führungskraft, die selbst an Weiterentwicklung interessiert ist, in ihrem Bereich auch ein innovatives, lernfreudiges Klima.

Darauf können Sie achten

- Viele Kandidaten vermuten, dass sich hinter dieser Frage letztlich diejenige nach den eigenen Schwächen verbirgt, und sind deshalb eher zurückhaltend mit ihrer Antwort oder antworten gleich mit ihren Schwächen. Doch der Gedanke hinter dieser Frage ist ein anderer (siehe Hintergrund). Deshalb kann man den Kandidaten ruhig zu einer offenen Antwort ermuntern und ihm gegebenenfalls das Konzept erläutern.
- Viele Kandidaten nennen zunächst fachliche Weiterbildungen, einen MBA, einen Englischkurs oder etwas Vergleichbares. Interessant wird diese Frage oft bei den persönlichen Weiterbildungsthemen: In welchen Bereichen will sich der Kandidat als Persönlichkeit oder im Hinblick auf seine Sozialkompetenz weiterentwickeln?

Anschlussfragen

- Wenn Sie einen Weiterbildungsgutschein im Wert von 10.000 Euro zur Verfügung hätten, wofür würden Sie ihn nutzen?
- Neben den genannten fachlichen Themen – gibt es auch Bereiche, in denen Sie sich persönlich weiterbilden wollen? Welche sind das?
- Bei welchen Anbietern würden Sie die Weiterbildung durchführen?
- Welche Erfahrungen haben Sie schon mit Coaching gemacht?
- Wie handhaben Sie das Thema Weiterbildung bei Ihren Mitarbeitern?
- Von welcher Weiterbildung profitierten Sie bisher am meisten?

6. Der Kandidat als Mitarbeiter

Hier geht es um den Kandidaten als Mitarbeiter: Um seine Passung zur Unternehmenskultur, seine Motivation, seine Erwartungen und seine persönliche Weiterentwicklung ebenso wie seine Person jenseits des Jobs. Denn egal wie hervorgehoben die Position des Kandidaten im Unternehmen auch angesiedelt ist, auf jeden Fall ist er immer auch Mitarbeiter mit eigenen Vorstellungen, Erwartungen und Präferenzen. Wenn Sie diese kennen, ist das ein weiterer Beitrag dazu, dass der neue Mitarbeiter in Ihrem Unternehmen längere Zeit erfolgreich ist.

Kernfrage 37

„In welchen Situationen haben Sie in letzter Zeit dazugelernt, sind an Ihre Grenzen gekommen oder wo hat auch einmal etwas nicht funktioniert?"

Hintergrund

Lernfähigkeit oder *Learning Agility* ist von zunehmender Bedeutung in agilen Arbeitswelten – immer schneller ändern sich Wissen, Prozesse und Technologien. In diesem Kontext sagt Ihnen diese Frage viel über das Maß an Neugier, Offenheit und Lernfähigkeit eines Kandidaten. Diese Frage verrät auch viel über den Umgang des Kandidaten mit Fehlern und dient als Indikator für sein Anspruchsniveau.

Darauf können Sie achten

- Schildert der Kandidat Situationen, in denen er Offenheit für Neues gezeigt hat?
- Vermittelt der Kandidat Freude an neuen Erfahrungen und am Lernen?
- Steht der Kandidat zu Misserfolgen und lernt daraus?
- Auf welche Weise arbeitet der Kandidat an seinen Fähigkeiten, beispielsweise durch Trainings, Lektüre oder Austausch?
- Sucht sich der Kandidat selbst Herausforderungen?
- Sucht sich der Kandidat Unterstützung bei Aufgaben, die ihm nicht so liegen?

Anschlussfragen

- Wann haben Sie zuletzt etwas Neues ausprobiert?
- In welchem Bereich haben Sie in letzter Zeit dazugelernt?
- Wie gehen Sie mit Fehlern um?

- Welche Themen stehen aktuell auf Ihrem „Lernzettel"?
- An welchen Weiterbildungen haben Sie im letzten Jahr teilgenommen?
- Bei welchen Themen fragen andere Sie um Rat?
- Wie halten Sie sich über Innovationen in Ihrem Bereich auf dem Laufenden?
- Welches sind aus Ihrer Sicht die bestimmenden Trends Ihrer Branche/Ihres Fachbereichs?

Kernfrage 38

„Wenn Sie Ihren idealen Arbeitstag gestalten könnten, einen Arbeitstag, nach dem Sie sehr zufrieden nach Hause gehen – wie sähe der aus?"

Hintergrund

Durch diese offene Frage erfahren Sie viel über Vorlieben und Motivation des Kandidaten: In welchen Situationen erbringt er gerne Leistung? Was lässt ihn zufrieden sein? Sie versetzen den Kandidaten zudem in eine positive Stimmung, was der Gesprächsatmosphäre und der Einstellung des Kandidaten zu Ihrem Unternehmen zuträglich ist.

Darauf können Sie achten

- Wie leicht tut sich der Kandidat damit, relevante Situationen zu schildern? Wie gut kennt er seine Präferenzen?
- Umfasst die Schilderung des Kandidaten eine eher große oder eher eine kleine Bandbreite von Tätigkeiten?
- Was motiviert den Kandidaten – beispielsweise Engagement, Herausforderung, Risiko, Flow, Genauigkeit, Disziplin, Erfolg, Wettbewerb, Entscheidungen, Status, Sicherheit, Autonomie, Zusammenarbeit, Helfen, Abwechslung, Ideen, Lernen ...?
- Wie gut passen die Aussagen des Kandidaten zur Aufgabe und zur Rolle?
- Wie kommt die Begeisterung des Kandidaten zum Ausdruck?

Anschlussfragen

- Was genau bereitet Ihnen an dieser Aufgabe Freude?
- Können Sie uns ein aktuelles Beispiel dafür schildern?
- Von welcher Art Aufgaben sollten nicht zu viele auf Ihrem Schreibtisch liegen?
- Wenn Sie Ihre optimale Arbeitsumgebung mit drei Worten zusammenfassen würden, welche wären das?

Kernfrage 39

„Welche Erwartungen haben Sie an Ihre Führungskraft?"

Hintergrund

Das Verhältnis zur direkten Führungskraft ist neben den eigentlichen Aufgaben eines der zentralen Merkmale einer Position. Funktioniert das Verhältnis nicht so gut, ist es zudem einer der Top-Gründe, warum Mitarbeiter kündigen. Deshalb lohnt es sich, in dieser Beziehung Klarheit zu schaffen. Im Einstellungsinterview ist das noch relativ offen möglich – arbeitet man erst einmal zusammen, sind die Machtverhältnisse eindeutig geklärt und im Zweifelsfall richtet sich der Mitarbeiter dann nach der Führungskraft, zumindest für eine Weile.

Darauf können Sie achten

- Nehmen Sie diese Frage zum Anlass, Ihren Führungsstil wieder einmal zu reflektieren. Das ist nicht nur wichtig, um die Antworten des Kandidaten einzuordnen. Mit einiger Wahrscheinlichkeit stellen Ihnen auch Ihre Kandidaten Fragen wie diese:
  - Worin besteht Ihr Mehrwert in der Führungsrolle?
  - Wie anspruchsvoll sind Ihre Ziele?
  - Welches Maß an Eigenständigkeit und Initiative erwarten Sie?
  - Welchen Freiraum sind Sie bereit zu geben?
  - Zu welchem Grad beziehen Sie Mitarbeiter in Entscheidungen ein?
  - Wie gestalten Sie die Regelkommunikation?
  - Welches Reporting verlangen Sie?
  - Wie offen sind Sie für Kritik?
  - Wie gehen Sie mit Meinungsverschiedenheiten um?
  - Welches Maß an Feedback, Anerkennung und ggf. Unterstützung kann der Kandidat von Ihnen erwarten?
  - Welches Verhalten tolerieren Sie nicht? Womit bringt man Sie auf die sprichwörtliche Palme?
  - Welches Engagement erwarten Sie über die eigentliche Aufgabe hinaus, beispielsweise Teilnahme an sozialen Events in der Freizeit?

- Je professioneller die Arbeitseinstellung des Kandidaten ist, desto präziser wird seine Antwort ausfallen und desto konkreter werden seine Vorstellungen sein.
- Gibt Ihnen der Kandidat durch seine Vorstellungen indirekt zu verstehen, dass er sich als „High Maintenance"-Mitarbeiter entpuppen würde? Beispielsweise, indem er kurzschrittiges Feedback einfordert, seinen Kompetenzrahmen sprengt oder nicht willens ist, Konsensentscheidungen mitzutragen?

Anschlussfragen

- Mit welchem Chef haben Sie besonders gut zusammengearbeitet? Aus welchen Gründen? Mit welchem nicht so gut?
- Von welchem Ihrer Chefs haben Sie besonders viel gelernt?
- In Ihrer aktuellen Position, was hätten Sie sich von Ihrem Chef mehr, weniger oder anders gewünscht?
- Wo sehen Sie im Umgang mit sich als Mitarbeiter mögliche Konfliktpunkte?
- Was stört Sie generell am Verhalten einer Führungskraft?
- Was erwarten Sie konkret von mir als Führungskraft?
- So wie Sie mich bisher kennen gelernt haben, wo sehen Sie Übereinstimmungen, wo mögliche Differenzen in der Zusammenarbeit?

Kernfrage 40

„Wie würden Sie die Unternehmenskultur in Ihrem aktuellen Unternehmen beschreiben?"

Hintergrund

Im Abgleich mit der Kultur Ihres eigenen Unternehmens bekommen Sie durch die Antworten des Kandidaten valide Indikatoren für die Passung zu Ihrem Unternehmen. Hier einige Anhaltspunkte für mögliche Kategorien:

aufgabenorientiert	mitarbeiterorientiert
homogen	vielfältig
prozessorientiert	zielorientiert
fehlerfreundlich	fehlerkritisch
gestaltend/offen	strukturiert
individuell	kollektiv
wettbewerbsorientiert	kooperativ
sicherheitsorientiert	veränderungsfreudig
emotional	neutral
statusorientiert	leistungsorientiert
schnell	langsam
zustimmend	oppositionell
genau	pragmatisch
kurzfristig	langfristig
formell	informell

Abb.: Mögliche Kategorien für die Passung zum Unternehmen

Darauf können Sie achten

- Was gefällt dem Kandidaten gut, was weniger gut? Zu beiden Punkten sollte er etwas sagen können.
- Inwiefern können Sie ihm bieten, was ihm gut gefällt?
- Ist in Bezug auf seine Kritikpunkte Besserung in Sicht oder findet er bei Ihnen ein ähnliches Umfeld wie in seiner jetzigen Stelle vor?
- Lässt der Kandidat Dampf ab und kritisiert seinen aktuellen Arbeitgeber? Dann stehen die Chancen gut, dass er dies in einiger Zeit auch mit Ihrem Unternehmen macht.

Anschlussfragen

- Was hat Ihnen besonders gut gefallen?
- Welche Nachteile würden Sie vielleicht aufzeigen?
- Wo sehen Sie die Ecken und Kanten Ihrer aktuellen Unternehmenskultur?
- In welchem Maß agierten Sie politisch, um erfolgreich zu sein?
- Welche Erfahrungen haben Sie im Umgang mit Unternehmenspolitik gemacht?
- Wie haben Sie es verstanden, Entscheidungswege effizient zu nutzen?
- Welche Charakteristika beschreiben Ihr ideales Arbeitsumfeld?
- Was halten Sie von Unternehmensaktivitäten wie Betriebsausflügen?
- Wie haben Sie die Atmosphäre in unserem Unternehmen bisher erlebt?

Kernfrage 41

„Welchen Stellenwert nimmt Ihr Beruf in Ihrem Leben ein?"

Hintergrund

Arbeiten um zu leben? Leben um zu arbeiten? Zunehmend nimmt diese Fragestellung einen breiten Raum in der Bewertung des Berufslebens ein. Und es ist inzwischen gesellschaftlicher Konsens, dass das Pendel nicht immer zugunsten des Unternehmens ausschlagen kann.

Darauf können Sie achten

- Keine Frage, bei ambitionierten Fach- und Führungskräften steht der Beruf sehr weit oben auf der Prioritätenliste. Gleichzeitig nimmt der Anspruch zu, Arbeits- und Privatleben besser miteinander in Einklang zu bringen, beispielsweise um sich der Familie, eigenen Interessen oder der Weiterbildung zu widmen.
- Langfristig sind diejenigen Mitarbeiter am leistungsfähigsten, die für sich einen individuell passenden Ausgleich zum Arbeitsalltag schaffen.

- In welchen Bereichen und warum ist dem Kandidaten eine Flexibilität des Arbeitslebens wichtig, beispielsweise flexible Arbeitszeiten oder die Möglichkeit, teilweise von zu Hause aus zu arbeiten?
- Welche Modelle bietet Ihr Unternehmen an, um die Work/Life-Flexibility des Kandidaten zu unterstützen?

Anschlussfragen

- Welche anderen Bereiche Ihres Lebens sind neben der Arbeit für Sie wichtig?
- Wie sorgen Sie für einen Ausgleich zu Ihrem Arbeitsalltag?
- Welches zeitliche Engagement sehen Sie für Ihren Beruf als angemessen an?
- Wann war das letzte Mal, dass Sie Ihr Privatleben zugunsten Ihres Berufs zurückgestellt haben?
- Welche Erfahrung haben Sie mit alternativen Arbeitsmodellen, wie zum Beispiel Home Office, gemacht?
- Wie können wir die Vereinbarkeit von Beruf und Familie für Sie unterstützen?

Kernfrage 42

„Was können Sie uns über Ihre Person berichten, etwas, das nicht in Ihrem Lebenslauf steht?“

Hintergrund

Hier geht es um die Interessen und das Engagement der Privatperson, denn Sie stellen ja nicht nur eine Arbeitskraft ein. Respektieren Sie bei dieser Frage allerdings besonders die Privatsphäre des Kandidaten – für eine Reihe von Kandidaten ist ihr Privatleben eben auch genau das: privat.

Darauf können Sie achten

- Die Bandbreite möglicher Antworten ist so groß wie die Anzahl der Kandidaten, denen Sie diese Frage stellen. Hier trifft man mitunter auf die spannendsten Geschichten, die dem Kandidaten zusätzliches Profil verleihen.
- Viele Spitzenkräfte sind auch außerhalb Ihres Berufslebens engagiert, sei es für ihre Familie, für ein Hobby oder den Sport, für eine soziale oder kulturelle Tätigkeit.
- Antwortet der Kandidat sehr zurückhaltend? Inwiefern wäre das in Ihrem Unternehmen im Alltag ein Hindernis, beispielsweise weil Socializing nach der Arbeit dazugehört?

Anschlussfragen

- Wie sind Sie zu dieser Tätigkeit gekommen?
- Was gefällt Ihnen daran besonders gut?
- Welchen Stellenwert hat diese Tätigkeit für Sie?
- Wie schätzen Sie Ihre Professionalität in diesem Bereich ein?
- Gibt es Bereiche, in denen Sie durch diese Tätigkeit etwas für Ihren Beruf mitgenommen haben?
- Welche besonderen Talente kommen bei dieser Tätigkeit zum Tragen?

7. Karriereverlauf und Wechselmotivation

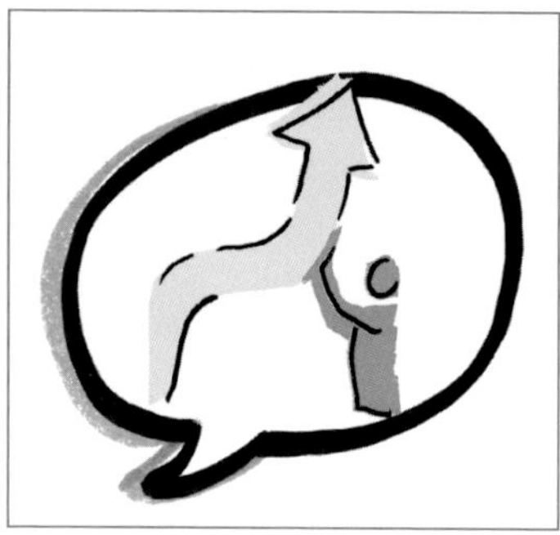

Wie sieht die „Rennbahn" – so der französische Ursprung des Wortes *Karriere* – des Kandidaten aus? Haben Sie es beispielsweise mit einem Formel-1-Piloten zu tun, mit einem Sonntagsfahrer oder mit einem Cross-Country-Abenteurer? Aus den Mustern der bisherigen Karriereentwicklung des Kandidaten können Sie Hypothesen für seinen weiteren Berufsweg ableiten. Eng verknüpft mit der bisherigen Karriere ist die Wechselmotivation: Ist dem Kandidaten die Strecke zu monoton geworden? Hat die Straße Schlaglöcher bekommen? Sieht sich der Kandidat vielleicht in einer Sackgasse gestrandet? Und vor allem: Wo soll es hingehen? Diese Fragen helfen Ihnen, den Wechselwunsch des Kandidaten besser einzuordnen und Schlüsse für Ihre Auswahlentscheidung zu ziehen.

Wodurch ist die Karriere des Kandidaten gekennzeichnet? Sie finden hier eine Auswahl von Gegensatzpaaren, die Ihnen die Analyse und Einordnung der Karrieremuster des Kandidaten erleichtern kann. Dabei sind die jeweiligen Pole in Ihrer Wertigkeit prinzipiell gleichwertig angelegt. Eine Bewertung erfolgt erst nach dem Abgleich mit den Anforderungen und Möglichkeiten der neuen Position.

geplant	zufällig
vielseitig	fokussiert
ausdauernd	kurzschrittig
Fachkarriere	Führungskarriere
steil	flach
geradlinig	mit „Hochs und Tiefs"
ambitioniert	evolutionär
hoher Stellenwert der Karriere	ausgeglichener Stellenwert d. Karriere
national	international
branchenspezifisch	funktionsspezifisch
traditionelle Branchen	junge Branchen
Großunternehmen	Mittelstand
unternehmensverbunden	unabhängig

Abb.: Kennzeichen der Karriere

Kernfrage 43

„Wodurch zeichnet sich Ihre Karriere aus?"

Hintergrund

Ähnlich wie ein Fingerabdruck ist jede Karriere von ganz bestimmten Merkmalen geprägt. Durch die Offenheit dieser Frage lassen Sie dem Kandidaten Raum, die besonderen Kennzeichen seiner Karriere ohne Vorgaben zu reflektieren, was Ihnen einiges über die Bewusstheit seiner Karriereentscheidung und die Passung zu Ihrer Position sagt.

Darauf können Sie achten

- Wodurch ist die Karriere des Kandidaten gekennzeichnet? Internationalität, eine bestimmte Branche, einen besonders steilen Aufstieg, eine große Vielseitigkeit, eine besondere Vorliebe für Start-up-Situationen, einen Hang zu großen Herausforderungen ...? Oft ist es das Zusammenspiel von zwei, drei Faktoren, die einer Karriere ihre besondere Charakteristik gibt.
- Welche Muster würde der Kandidat mit der neuen Position ggf. durchbrechen? Aus welchen Gründen?
- Gleichen Sie die Selbsteinschätzung des Kandidaten zusätzlich mit Ihrem eigenen Eindruck ab. Das sagt Ihnen etwas über die Reflexionsfähigkeit des Kandidaten und führt mitunter zu anregenden Gesprächen über die Unterschiede in der Beurteilung.

Anschlussfragen

- Gibt es eine passende Überschrift für Ihre Karriere?
- Welche Erfahrungen Ihrer Karriere möchten Sie nicht missen?

- Welches war bisher die größte Veränderung in Ihrer Karriere?
- Wie zufrieden sind Sie mit Ihrer Karriere auf einer Skala von eins bis zehn? Welche Faktoren zahlen auf diese Bewertung ein und welche sorgen für einen Abzug auf der Skala?
- Wie würde Ihre Karriere durch die neue Aufgabe bei uns gewinnen?
- Hatten Sie in Ihrer Karriere einen offiziellen oder inoffiziellen Mentor?
- Inwiefern ist die Position bei uns für Sie eine logische Weiterführung Ihrer bisherigen Karriere?

Kernfrage 44

„Aus heutiger Perspektive, welches war die beste Position Ihrer bisherigen Karriere?"

Hintergrund

Durch die zugespitzte Frage erfahren Sie viel über die Vorlieben und die Interessenlage des Bewerbers und somit über seine mögliche Passung zur aktuellen Position.

Darauf können Sie achten

- Wie passen die Erfahrungen in der genannten Position zu den Anforderungen der neuen Position? Wenn der Kandidat beispielsweise eine Aufgabe erwähnt, in der er viel Kundenkontakt hatte, die neue Position aber primär interne Aufgaben vorsieht, so wird er im neuen Setting wahrscheinlich nicht lange zufrieden sein.
- Achten Sie auf Anhaltspunkte für ein bestimmtes Talent für die ausgewählte Position. Was war es, das dem Kandidaten an dieser Position so gut gefallen hat? Worin – das geht ja oft damit einher – war er so richtig gut? Welche speziellen Talente kamen zum Einsatz?
- Welchen Stellenwert nehmen die Unternehmenskultur und das Verhältnis zu direkten Vorgesetzten ein? Was ist dem Kandidaten bei diesen Punkten wichtig?

Anschlussfragen

- Welches waren Ihre wichtigsten Erfahrungen in dieser Position?
- Aus welchen Gründen haben Sie Ihre bevorzugte Position trotz dieser Vorteile beendet?
- Welche Elemente dieser Position möchten Sie in der neuen Position unbedingt wieder vorfinden? Worauf können Sie verzichten?

- Sie haben ein gutes Verhältnis zu Ihrem Chef erwähnt – was hat dieses Verhältnis ausgemacht?
- Welche Position hat bisher am wenigsten gut zu Ihren Vorstellungen gepasst? Aus welchen Gründen?

Kernfrage 45

„Wie hat sich Ihre Karriere bei Ihrem aktuellen Unternehmen im Zeitverlauf entwickelt?"

Hintergrund

Auch eine lange Unternehmenszugehörigkeit kann durchaus dynamisch verlaufen. Welche Progression hat der Kandidat in seiner aktuellen Firma durchlaufen, sowohl in Bezug auf einen hierarchischen Aufstieg und/oder größere Verantwortung als auch im Hinblick auf eine Ausweitung oder Veränderung des Tätigkeitsgebiets? Das sind wichtige Anhaltspunkte für die Fähigkeiten, Interessen und die Motivation des Kandidaten.

Darauf können Sie achten

- Arbeitet der Kandidat schon einige Zeit in seiner aktuellen Position, sollte eine gewisse Entwicklung erkennbar sein. Wer seit zehn Jahren denselben Job macht und das ohne eine spürbare Entwicklung, wird wahrscheinlich auch bei Ihnen nicht für besonders viel Dynamik sorgen.
- Was ist dem Kandidaten wichtig? Ein neuer oder erweiterter Aufgabenbereich? Eine Spezialisierung? Ein vertikaler Aufstieg (Titel)? Eine erweiterte Führungsverantwortung (Mitarbeiter)? Eine dynamische Gehaltsentwicklung? Ein erweiterter Entscheidungsfreiraum bei der Tätigkeit? Mehr Flexibilität? Was davon können Sie dem Kandidaten bieten?
- Auf wessen Initiative hin fanden die Veränderungen statt? Hat der Kandidat die Veränderungen selbst aktiv gestaltet oder sind seine Leistungen anderen aufgefallen? Fanden die Veränderungen aus der Notwendigkeit heraus statt?
- In welchen Sprüngen fanden die Veränderungen statt? Was bewertet der Kandidat als „große" Veränderung?

Anschlussfragen

- Auf wessen Initiative wurde Ihr Aufgabengebiet erweitert?
- Welche Situation oder welche Erfahrungen waren entscheidend bei Ihrem Wechsel zu einem erweiterten Aufgabengebiet/ einer größeren Führungsverantwortung ...?
- Aus welchen Gründen war der Schritt zu mehr Führungsverantwortung ... der richtige für Sie?

- Schildern Sie eine Situation, in der Sie in Ihrem neuen Verantwortungsbereich besonders erfolgreich waren.
- Was würden Sie rückblickend vielleicht anders gemacht haben?
- Was ist Ihnen bei Ihrem nächsten Karriereschritt wichtig?

Kernfrage 46

„Bei einem Wechsel gibt es ja meistens Faktoren, die einen von etwas weggehen lassen und andere, die einen in eine neue Richtung ziehen. Wie ist das bei Ihnen in Bezug auf die neue Position?"

Hintergrund

Selten werden es nur die Vorteile der neuen Position sein, die den Kandidaten das Gespräch mit Ihnen haben wahrnehmen lassen. Meistens wird auch ein Quäntchen Unzufriedenheit mit der aktuellen Situation im Spiel sein. Selbst wenn der Kandidat über den Weg des Executive Search zu Ihnen gekommen ist: Wahrscheinlich hätte er nach einem ersten Telefongespräch mit dem Personalberater kein weiteres Interesse an Ihrer Position bekundet, wäre er gerade befördert worden oder arbeitete er gerade in verantwortungsvoller Position an einem neuen, für ihn spannenden Projekt.

Darauf können Sie achten

- Bezieht der Kandidat sowohl bei den Push-Faktoren als auch bei den Pull-Faktoren klar Stellung? Was macht Ihr Angebot attraktiv und auf welchen fruchtbaren Boden fällt es?
- Der Schwerpunkt in der Darstellung sollte auf der Herausforderung in Ihrem Unternehmen liegen, die den Kandidaten reizt.
- Speist sich der Wechselwunsch des Kandidaten so gut wie nur aus der Attraktivität der bei Ihnen gebotenen Position, haken Sie nach: Was ist daran für den Kandidaten so einmalig, dass er es nur bei Ihnen vorfindet? In der Mehrzahl der Fälle erkennen Sie mit diesem Vorgehen suboptimale Bedingungen im aktuellen Unternehmen des Kandidaten.
- Es ist ein „No-Go", wenn der Kandidat betont kritisch über seinen aktuellen Arbeitgeber spricht. Oft reicht schon ein guter Grund, das Unternehmen verlassen zu wollen. Dieser liegt häufig in der Person der Führungskraft, einer zu eng gesteckten Aufgabe, einem ungünstigen Umfeld (Unternehmenskultur, Arbeitsbedingungen) oder limitierten Karrierechancen.
- Nennt der Kandidat nur wenige und/oder schwache Gründe für die bei Ihnen gebotene Position? Das legt die Vermutung nahe, dass er vornehmlich sein derzeitiges Umfeld verlassen will. Das reicht kaum als Motivation, um langfristig in einer Position erfolgreich zu sein.

Anschlussfragen

- Wie würde Ihre Karriere bei Ihrem aktuellen Arbeitgeber weitergehen?
- Was addiert die neue Position zu Ihrer Karriere?
- Welches sind für Sie die interessantesten Aufgaben und Herausforderungen der neuen Position?
- Wenn Sie Ihren wesentlichen Kritikpunkt bei Ihrem aktuellen Arbeitgeber ausräumen könnten, welcher wäre das?

Kernfrage 47

„Wo sehen Sie in der Position für sich Möglichkeiten, sich fachlich oder persönlich weiterzuentwickeln?"

Hintergrund

Der Raum für Wachstum, den eine Position einem Kandidaten bietet, erhöht die Wahrscheinlichkeit, dass er eine längere Zeit mit den neuen Aufgaben zufrieden ist. In welchen Bereichen bekommt der Kandidat durch die Position ein Entwicklungspotenzial eröffnet?

Darauf können Sie achten

- Benennt der Kandidat ein bis zwei Herausforderungen, in denen er sich noch weiterentwickeln will, beispielsweise ein neues Aufgabengebiet, neue Techniken und Methoden, den Umgang mit neuen Zielgruppen, eine erweiterte Verantwortung oder eine (größere) Führungsrolle? Tut er das nicht, kann sich die Frage stellen, ob er die Anforderungen verstanden hat, für die Position überqualifiziert ist oder ein „Mehr-desselben" tun möchte. Benennt der Kandidat deutlich mehr als ein bis zwei Punkte, stellt sich die Frage, ob die Position vielleicht eine Nummer zu groß ist.
- Hat der Kandidat die genannten Herausforderungen für sich positiv besetzt und will diese gerne und mit Engagement wahrnehmen?

Anschlussfragen

- Wie wollen Sie diese Bereiche angehen?
- Welche Unterstützung brauchen Sie aus Ihrer Sicht, um die neuen Aufgaben erfolgreich zu bewältigen?
- In welchem Zeithorizont meinen Sie in dem neuen Bereich eine eigene Expertise aufbauen zu können?
- Welche Situationen gab es in der Vergangenheit, in denen Sie in bestimmten Bereichen dazugelernt haben? Wie sind Sie damit umgegangen? Mit welchem Resultat?
- Welche Position könnte nach dieser hier angestrebten für Sie kommen?

Kernfrage 48

„Was denken die Menschen in Ihrem sozialen Umfeld über Ihre berufliche Veränderung?"

Hintergrund

Das soziale Umfeld eines Kandidaten kann einen nicht zu unterschätzenden Einfluss auf seine Karriereentscheidung haben. Besonders hervorzuheben ist hier natürlich der Partner, besonders wenn mit dem Positionswechsel auch ein Umzug verbunden ist.

Darauf können Sie achten

- Gibt es einen Partner, sollte er schon zu einem frühen Stadium in die Entscheidung eingebunden sein. So stellen Sie sicher, dass der Kandidat im Verlauf der Auswahl keinen Rückzieher aus diesem Grund macht.
- Was sagt das soziale Umfeld des Kandidaten zur neuen Position: Wie gut passen die Anforderungen der Position und die Qualifikation des Kandidaten aus dessen Sicht zusammen?
- Macht der Kandidat diese wichtige Entscheidung mit sich selbst aus? Oder ist der Wechselwunsch eher von anderen induziert? In diesen Fällen lohnt es sich nachzufragen.

Anschlussfragen

- Was sieht Ihr Partner oder Ihr Freundeskreis an der neuen Position als besonders passend für Sie an?
- Wo liegen vielleicht Bedenken?
- Welchen Stellenwert hat für Sie die Meinung Ihres Partners/ Ihres Freundeskreises?
- Würde Ihr Partner einem Umzug in unsere Gegend zustimmen?
- Was können wir tun, um Ihrem Partner die Entscheidung zu erleichtern?

Kernfrage 49

„Was reizt Sie an unserem Unternehmen besonders?"

Hintergrund

Hier erfahren Sie einiges über die Ernsthaftigkeit des Interesses des Kandidaten an Ihrem Unternehmen.

Darauf können Sie achten

- Nennt der Kandidat ohne zu zögern einen oder mehrere Punkte, die Ihr Unternehmen für ihn interessant machen: Marktstellung, Produktpalette, Renommee ...?
- Welchen Informationsgehalt haben die Aussagen des Kandidaten? Sind es die Standardinformationen Ihrer Website oder

hat sich der Kandidat die Mühe gemacht, eigene Recherchen anzustellen?

- Achten Sie besonders auf Hinweise, in denen der Kandidat Möglichkeiten erwähnt, bei Ihnen eine besondere Leistung zu erbringen und seine Stärken einzusetzen.
- Bezieht sich der Kandidat vornehmlich auf Äußerlichkeiten oder Leistungen Ihres Unternehmens wie Gehaltsniveau, Lage des Arbeitsplatzes, Sicherheit des Arbeitsplatzes, Weiterbildungsmöglichkeiten usw.? In diesem Fall kann es notwendig sein, die inhaltlichen Aspekte der Aufgabe nochmals zu thematisieren.

Anschlussfragen

- Wo sehen Sie für sich einen Vorteil darin, für unser Unternehmen zu arbeiten? Was kann Ihnen Ihr aktueller Arbeitgeber nicht bieten?
- Wie würden Sie unser Image im Markt beschreiben?
- Wie sehen Sie unsere Produktpalette im Markt aufgestellt?
- Wie sehen Sie Ihren Bereich in unserem Unternehmen im Vergleich zur Konkurrenz aufgestellt?

Kernfrage 50

„Wie waren die Rahmenbedingungen für Ihre Entlassung bzw. Trennung vom letzten Arbeitgeber?"

Hintergrund

Durch Umstrukturierungen, Zusammenlegungen, Übernahmen oder Strategieänderungen etc. kommt es immer wieder zu Entlassungen von Mitarbeitern. Die Herausforderung besteht darin, diese Fälle von jenen zu trennen, die durch Verhaltens- oder Leistungsdefizite bedingt sind. Am schwierigsten ist dies natürlich, wenn beides zusammenfällt, wenn beispielsweise eine Umstrukturierung dazu genutzt wird, sich von unliebsamen Mitarbeitern zu trennen.

Darauf können Sie achten

- Gewinnen Sie den Eindruck, dass der Kandidat spontan und offen antwortet? Wenn es nichts zu verbergen gibt, werden Sie eine klare Aussage bekommen.
- Ein einmaliger Ausrutscher ist kein Problem, solange der Kandidat offen dazu steht und sich auch seines Anteils am Geschehen bewusst ist (beispielsweise ein politischer Fehltritt). Was hat der Kandidat für sich daraus gelernt? Wie sind die entsprechenden Rahmenbedingungen Ihrer Vakanz?

- Stellt der Kandidat das Ende seiner Tätigkeit über Gebühr komplex dar, sodass die eigentlichen Gründe dafür kaum zu erkennen sind? Wird Ihnen der Sachverhalt auch auf Nachfrage nicht klar, kann das ein Grund sein, den Auswahlprozess an dieser Stelle zu beenden. Sei es, weil es in der Tat ernsthafte Probleme gab oder weil der Kandidat nicht ehrlich ist.

Anschlussfragen

- Welche Gründe haben aus Ihrer Sicht dazu geführt, dass Sie entlassen wurden?
- Können Sie sich vorstellen, dass auch Gründe, die in Ihrer Arbeitsleistung oder Ihrem Verhalten zu suchen sind, für die Entscheidung, Sie zu entlassen, relevant waren? Welche?
- War die Entscheidung, gerade Sie zu entlassen, aus Ihrer Sicht nachvollziehbar und gerecht?
- Wie viele andere Kollegen aus Ihrem Bereich sind noch von der Entlassung betroffen? Wie viele sind in anderen Teilen des Unternehmens untergekommen?

8. Gesprächsabschluss

Bevor Sie zu diesem letzten Interviewblock übergehen, haben Sie eine gute Gelegenheit, die Aufgabe und Ihr Unternehmen detaillierter zu beschreiben. Der abschließende Teil des Gesprächs erfüllt zwei wichtige Aufgaben:

- Gegen Ende des Gesprächs ist der Zeitpunkt gekommen, das Verständnis des Kandidaten von Position und Aufgabe noch einmal zu überprüfen, um sicherzustellen, dass die beiderseitigen Vorstellungen kompatibel sind und eine tragfähige Basis für ein gutes Arbeitsverhältnis bilden. Schätzt der Kandidat die Aufgabe in Ihrem Sinn richtig ein? Kann er einen wertschöpfenden Beitrag dazu leisten und diesen auch benennen? Kennt und akzeptiert er die Rahmenbedingungen?

- Zudem haben Sie im letzten Teil des Interviews noch einmal Gelegenheit, Überzeugungsarbeit zu leisten oder, neudeutsch, Commitment aufzubauen, bevor Sie den Kandidaten mit seiner Entscheidung alleine lassen. Wichtig ist hier, dass der Kandidat die Vorteile Ihrer Position und Ihres Unternehmens für sich bewusst realisiert und selbst noch einmal ausspricht.

Anfang und Ende des Interviews sind entscheidende Gesprächsphasen – der Kandidat wird sich besonders gut daran erinnern. Unabhängig von den Fragen dieses Kapitels und dem Verlauf des Interviews bietet es sich deshalb ganz besonders an, auf eine konstruktiv-freundliche Atmosphäre zu achten.

Kernfrage 51

„Auf einer Skala von eins bis zehn, wie interessiert sind Sie an der Position?"

Hintergrund

Ziel der Frage ist es weniger, neue Informationen zu generieren, denn zu diesem Zeitpunkt im Interview haben Sie sicher schon ein gutes Gefühl dafür, wie es um das Interesse des Kandidaten bestellt ist. Vielmehr geht es darum, Verbindlichkeit zu erzielen. Gleichzeitig erhalten Sie eine prima Basis für Anschlussfragen, die zur Klärung eventuell noch offener Punkte beitragen können.

Darauf können Sie achten

- Hier sollten eigentlich keine großen Überraschungen mehr auftauchen.
- Nennt der Kandidat einen Wert von sechs oder sieben, ist es nicht sehr wahrscheinlich, dass es zu einem positiven Abschluss kommt. Zumindest aber wird dieser beiden Seiten Zugeständnisse abverlangen.
- Ein Wert von acht oder neun erfordert in der Regel kleinere Nachbesserungen oder Klärungen. Hier lässt sich noch einiges bewegen.
- Ein Wert von zehn (und bei manchen Kandidaten auch darüber) ist der optimale Match. Hier geht es gegebenenfalls darum, herauszufinden, ob der Kandidat nichts übersehen hat.

Anschlussfragen

- Welches sind Ihre Gründe für die Bewertung?
- Was fehlt noch bis zu einer Zehn?
- Das freut uns, eine Zwölf sogar. Was genau macht Ihre Begeisterung aus?
- Wenn ich mich richtig erinnere, hatten Sie in unserem vorherigen Gespräch einige Kritikpunkte angebracht. Wieso kommen Sie jetzt dennoch zu dieser hohen Bewertung? Haben sich die Fragezeichen für Sie geklärt?

- Was führt zu dieser niedrigen Einschätzung? Was hat sich im Verlauf unserer Gespräche geändert?
- Macht es bei dieser niedrigen Bewertung aus Ihrer Sicht noch Sinn, dass wir die Gespräche fortsetzen?

Kernfrage 52

„Noch einmal auf den Punkt gebracht: Was macht diese Position bei uns für Sie attraktiv?"

Hintergrund

Diese Frage hat die Funktion einer Qualifizierung der vorherigen Frage, die im Wesentlichen der Selbstaffirmation des Kandidaten dient. Für Sie ist es ein weiterer Check, dass Sie und der Kandidat dieselbe Vorstellung von der Position haben.

Darauf können Sie achten

- Der Schwerpunkt der Antwort wird in der Regel aus einem der drei Bereiche kommen: Unternehmen, Position oder Kollegen/Führungskräfte.
  - Ihr Unternehmen übt eine besondere Anziehungskraft auf den Kandidaten aus, beispielsweise die Produkte, das Renommee oder die Internationalität.
  - Die besonderen Herausforderungen der Position sind für den Kandidaten attraktiv: Führungsspanne, Möglichkeiten der Entwicklung, Arbeitsgebiet usw.
  - Auch die Zusammenarbeit mit bestimmten Kollegen und Führungskräften kann ein wichtiges Argument sein.
- Wie schätzen Sie die Überzeugungskraft der Antwort ein: Nennt der Kandidat auch aus Ihrer Sicht valide Punkte, die für eine gute Passgenauigkeit sprechen? Lässt die Antwort eine gewisse Nachhaltigkeit vermuten? Ist eine starke Überzeugung und vielleicht auch eine gewisse Begeisterung spürbar?

Anschlussfragen

- Gibt es noch Details zur Position, über die Sie noch weitere Informationen benötigen?
- Was können wir noch tun, um Sie für uns zu gewinnen?
- Gibt es aus Ihrer Sicht noch offene Punkte, die Sie gerne noch klären würden?

Kernfrage 53

„Angenommen, Sie würden heute mit Ihrer Tätigkeit bei uns beginnen. Welche Ergebnisse hätten Sie wahrscheinlich nach einem Jahr bei uns erzielt?"

Hintergrund

Sie versetzen den Kandidaten in die Situation, erfolgreich aus dem Auswahlprozess hervorgegangen zu sein, überprüfen sein Verständnis von der Aufgabe und etablieren den Leistungsgedanken, indem Sie nach konkreten Ergebnissen fragen. Zudem generieren Sie schon hilfreiche Informationen zum Gestalten der Probezeit.

Darauf können Sie achten

- Stellt der Kandidat seinen möglichen Leistungsbeitrag prägnant dar? Die Frage macht es gegebenenfalls erforderlich, dem Kandidaten ein wenig Zeit zum Nachdenken einzuräumen.
- Wie begründet der Kandidat die Auswahl seiner Ziele?
- Zeigt der Bewerber eindeutigen Enthusiasmus für die Erreichung der Ziele? Erscheint er in der Art seiner Darstellung motiviert?
- Wie gut sind die Ausführungen strukturiert?
- Entsprechen die Vorstellungen des Bewerbers den Ihren? Setzt der Kandidat dieselben Prioritäten wie Sie? Wo gibt es Unterschiede?

Anschlussfragen

- Welche Ergebnisse könnten Sie kurzfristig erreichen?
- Wie würden Sie diese Ziele priorisieren? Wie kommen Sie zu dieser Priorisierung?
- Sehen Sie kollidierende Zielsetzungen?
- Welche dieser Aufgaben wäre für Sie die größte Herausforderung?
- Für die Erreichung welches Ziels sehen Sie sich besonders gut qualifiziert?
- Wie würden Sie diese Aufgabe in der Umsetzung angehen?
- Wo sehen Sie potenzielle Schwierigkeiten bei der Zielerreichung?
- Wie schätzen Sie die vorhandene Ressourcenausstattung ein, um diese Ziele zu erreichen?
- In welchen Bereichen würden Sie sich Unterstützung suchen?

Kernfrage 54

„Welche Fragen können wir Ihnen noch beantworten, damit Sie zu einer tragfähigen Entscheidung kommen?"

Hintergrund

Bieten Sie dem Kandidaten Ihre Unterstützung bei der Entscheidungsfindung an, indem Sie ihm Gelegenheit geben, seine Fragen zu adressieren. Anhand seiner Fragen können Sie noch einiges darüber in Erfahrung bringen, wo der Kandidat vielleicht noch unentschlossen ist, wo ihn eventuell der Schuh drückt und wo er einfach noch weitere Informationen braucht.

Darauf können Sie achten

- Im Fokus des Kandidaten sollten Fragen zu folgenden Themenbereichen stehen:
  - Aufgaben der Position
  - Mehrwert der Tätigkeit für das Unternehmen
  - Strategische Ausrichtung und Ziele des Unternehmens
  - Arbeitsumfeld und Arbeitsmittel
  - Unternehmenskultur
  - Praktische Aspekte wie Startdatum oder Wohnungssuche

- Auch auf den letzten Metern ist Vorsicht geboten, wenn sich der Kandidat einseitig an den Konditionen interessiert zeigt oder daran, was Ihr Unternehmen für ihn tun kann. Dasselbe gilt, falls noch einmal Fragen auftauchen, die Sie in den Gesprächen bereits ausführlich erläutert haben.

Einen **Fragenkatalog zu ausgewählten Kernkompetenzen** finden Sie unter den Download-Ressourcen zum Buch. Über die Kern- und Anschlussfragen dieses Kapitels hinaus können Sie damit noch detaillierter auf einzelne Fähigkeiten Ihrer Kandidaten eingehen.

Unzulässige Fragen vermeiden

Schnell kann es passieren, dass man als Interviewer im Auswahlgespräch unbeabsichtigt auf heikles Terrain gerät, beispielsweise mit Fragen nach Nationalität, Gesundheitszustand oder Schwangerschaft. Für solche Stolperfallen sensibilisieren die folgenden Hinweise. Denn diese sehr persönlichen Fragen sind in vielen Fällen rechtlich unzulässig und liefern darüber hinaus auch kaum valide Kriterien für die Auswahlentscheidung. Wenn Sie Zweifel haben, ob eine bestimmte Frage in Ihrem Auswahlverfahren erlaubt ist, sollten Sie einen Arbeitsrechtler zu Rate zu ziehen. Die nachfolgenden Informationen sind als qualifizierte Orientierungshilfe gedacht, ersetzen aber keine Rechtsberatung.

Unzulässige Fragen erfordern keine Antwort

Entsprechend des *Allgemeinen Gleichbehandlungsgesetzes* (AGG, s. Kasten) sind Fragen unzulässig, die in die Privatsphäre von Bewerbern eingreifen oder diese aufgrund persönlicher Merkmale diskriminieren. Verbotene Differenzierungsmerkmale gemäß § 1 AGG sind „Rasse“ oder ethnische Herkunft, Geschlecht, Religion oder Weltanschauung, Behinderung, Alter sowie sexuelle Identität. Stellen Sie eine unzulässige Frage, haben Bewerber das Recht, eine Antwort zu verweigern oder nicht wahrheitsgemäß zu antworten – Stichwort „Recht zur Lüge“ (vgl. Schleusener/Suckow/Voigt 2013). Fragen zu diesen Differenzierungsmerkmalen sind im Auswahlgespräch jedoch dann *zulässig*, wenn das betreffende Merkmal „eine wesentliche und entscheidende berufliche Anforderung“ (im Sinne von § 8 AGG) der zu besetzenden Stelle darstellt. In diesem Fall hat der potenzielle Arbeitgeber ein Recht auf Auskunft.

Auszug aus dem Wortlaut des Allgemeinen Gleichbehandlungsgesetzes (AGG) vom 14.08.2006

§ 1 Ziel des Gesetzes
Ziel des Gesetzes ist, Benachteiligungen aus Gründen der Rasse oder wegen der ethnischen Herkunft, des Geschlechts, der Religion oder Weltanschauung, einer Behinderung, des Alters oder der sexuellen Identität zu verhindern oder zu beseitigen.

§ 2 Anwendungsbereich
(1) Benachteiligungen aus einem in § 1 genannten Grund sind nach Maßgabe dieses Gesetzes unzulässig in Bezug auf:

> 1. die Bedingungen, einschließlich Auswahlkriterien und Einstellungsbedingungen, für den Zugang zu unselbstständiger und selbstständiger Erwerbstätigkeit, unabhängig von Tätigkeitsfeld und beruflicher Position, sowie für den beruflichen Aufstieg,
> [...]
>
> § 8 Zulässige unterschiedliche Behandlung wegen beruflicher Anforderungen
> (1) Eine unterschiedliche Behandlung wegen eines in § 1 genannten Grundes ist zulässig, wenn dieser Grund wegen der Art der auszuübenden Tätigkeit oder der Bedingungen ihrer Ausübung eine wesentliche und entscheidende berufliche Anforderung darstellt, sofern der Zweck rechtmäßig und die Anforderung angemessen ist.
> [...]

Vorteil der Konzentration auf zulässige Fragen

Der Verzicht auf unzulässige Fragen schränkt den Interviewer nur scheinbar in seinen Möglichkeiten ein. Tatsächlich hilft er ihm, sich im Auswahlverfahren auf die wirklich wichtigen Kriterien zu konzentrieren. Denn um den am besten geeigneten Kandidaten für eine Position zu entdecken, sind vor allem zwei Themenblöcke relevant:

Wichtig für die Eignung für eine Position

- Leistung und
- Verhalten am Arbeitsplatz.

Ob diese Leistung oder ein bestimmtes Verhalten nun von einem Mann oder einer Frau erbracht wird, von einem älteren oder jüngeren Mitarbeiter, von einer Deutschen oder einer Griechin, ist für sich genommen irrelevant.

Der Verzicht auf unzulässige Fragen bietet Arbeitgebern einen weiteren Vorteil: Wer sich bei der Mitarbeiterauswahl auf die Qualifikation statt auf die persönlichen Merkmale der Bewerber konzentriert, sorgt indirekt für mehr Heterogenität innerhalb der Belegschaft. Studien zur Mitarbeitervielfalt zeigen seit Langem, dass gemischte Teams bessere Leistungen bringen als Einheitsteams, die beispielsweise nur aus männlichen weißen Akademikern im Alter von 50 Jahren bestehen. Bunt zusammengesetzte Teams gehen Aufgaben aus verschiedenen Blickwinkeln an und finden tendenziell kreativere Lösungen. Lediglich der Abstimmungsaufwand ist aufgrund der unterschiedlichen Sichtweisen meist größer. Nachfolgend finden Sie einige typische Beispiele für unzulässige Fragen jeweils mit kurzer Erläuterung.

Typische Beispiele für unzulässige Fragen

- Unzulässige Frage 1: Welcher Nationalität gehören Sie an?
  Grundsätzlich sind Fragen nach der ethnischen Herkunft oder der Nationalität eines Bewerbers nicht gestattet. Eng mit der Nationalität und der ethnischen Herkunft verbunden sind allerdings Sprachen bzw. Sprachkenntnisse. Suchen Sie beispielsweise einen Vertriebsmitarbeiter für die Betreuung finnischer Kunden, so ist es völlig angemessen, dass Sie sich bei den Bewerbern nach deren Finnischkenntnissen erkundigen: „Wie gut sprechen Sie Finnisch?" Nicht zulässig ist wiederum die Frage „Sind Sie finnische Staatsbürgerin?", sofern dieses Differenzierungsmerkmal keine wesentliche und entscheidende berufliche Anforderung der zu besetzenden Stelle darstellt. Alternativ bietet sich die Frage nach der Arbeitserlaubnis an.

- Unzulässige Frage 2: Sind Sie schwanger?
  So mancher Arbeitgeber hätte vor Vertragsabschluss diesbezüglich gern Klarheit. Doch dieses Thema gehört zu den sensibelsten überhaupt. Allgemein gilt: Unabhängig davon, ob die Frage ganz unverblümt oder als indirekte Frage nach der Familienplanung gestellt wird, hat die Kandidatin keine Auskunftspflicht. Und die Frage selbst stellt eine Benachteiligung gemäß § 3 Absatz 1 Satz 2 AGG dar (vgl. Schleusener/Suckow/Voigt 2013). Darüber hinaus kommt es auf den spezifischen Kontext des jeweiligen Einzelfalls an.

- Unzulässige Frage 3: Sind Sie verheiratet?
  Diese Frage zielt häufig in erster Linie auf die sexuelle Orientierung eines Kandidaten und ist somit tabu. Aber auch der Partnerschaftsstatus an sich ist für den Arbeitgeber irrelevant, um die Eignung eines Kandidaten zu beurteilen.

- Unzulässige Frage 4: Gehören Sie einer Gewerkschaft, Partei oder Kirche an?
  Grundsätzlich unzulässig sind Fragen nach der Zugehörigkeit zu politischen Parteien, Religionsgemeinschaften und Gewerkschaften. Ausnahmen bestehen allerdings, wenn es sich bei Ihrer Organisation um eine Gewerkschaft, Partei oder Kirche handelt. In diesen Fällen ist es dem potenziellen Arbeitgeber nicht zuzumuten, eine Person einzustellen, die seine Überzeugungen nicht teilt – Stichwort „Tendenzschutz".

- Unzulässige Frage 5: Sind Sie verschuldet?
  Generell sind Schulden Privatsache, es sei denn, der Kandidat hat in verantwortungsvoller Position mit Geld bzw. Finanzen zu tun und der potenzielle Arbeitgeber hätte einen berechtigten Verdacht, dass anvertraute Mittel zur Tilgung der Schulden genutzt würden. Wenn es um solch verantwortungsvolle Positionen geht, sind Fragen nach Schulden erlaubt. Auch die Frage nach einer Lohnpfändung ist in diesem Kontext zulässig, da der künftige Arbeitgeber mit zusätzlichem Aufwand für die Pfändung zu rechnen hätte.

- Unzulässige Frage 6: Leiden Sie an einer Krankheit oder sind Sie behindert?
  Erlaubt sind unter Umständen auch etwas heiklere Fragen nach dem Gesundheitszustand des Kandidaten, aber nur dann, wenn dies für die zu besetzende Position von Bedeutung ist. Ein Rückenleiden kann beispielsweise relevant sein, wenn der Bewerber eine Bürotätigkeit anstrebt und deshalb einen besonderen Arbeitstisch benötigt. Wer bei seiner Arbeit eine besondere Verantwortung für Menschen übernimmt, wie Ärzte oder Piloten, muss auch auf die Frage nach Suchtkrankheiten wahrheitsgemäß antworten. Fragen nach einer Behinderung müssen grundsätzlich nicht beantwortet werden, es sei denn, die Berufsausübung wäre aufgrund der Behinderung eingeschränkt oder nur unter Zuhilfenahme besonderer Hilfsmittel möglich.

Extra: Fragetechnik

Wer fragt, der führt. Im Folgenden lernen Sie gängige Fragetechniken kennen, mit denen Sie weitere Fragen selbst abwechslungsreich gestalten können.

Situative Fragen

„Brot-und-Butter-Frage"

Unabhängig davon, worüber Sie gerade mit dem Kandidaten sprechen, situative Fragen sind die „Brot-und-Butter-Frage". Sie fragen den Kandidaten nach seinem Verhalten in konkreten Situationen, um daraus Hinweise auf seine Eignung zu gewinnen. Dahinter steht die Grundannahme, dass Sie ein ehrliches, authentisches Bild erhalten können, wenn ein Kandidat über einen längeren Zeitraum aus seinem Alltag und von seinen Erfahrungen berichtet. Das geschilderte Verhalten erlaubt Ihnen wiederum Rückschlüsse auf seine besonderen Talente und Qualifikationen. Folgen Sie mit situativen Fragen diesem Schema:

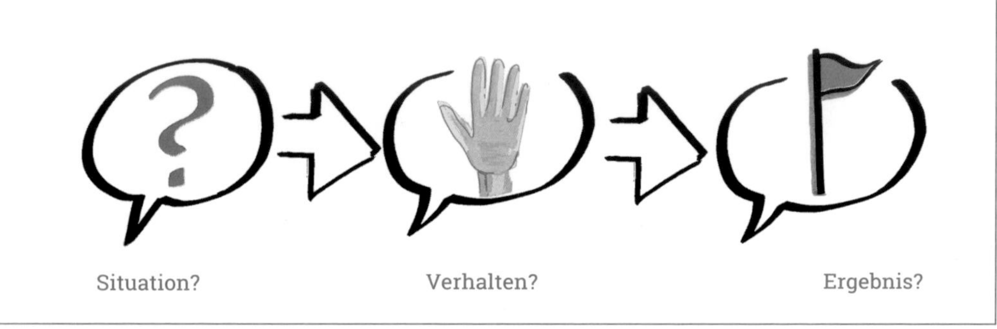

Abb.: Situative Fragen

- **Situation**: Was ist die Ausgangssituation gewesen? Was war Ihre Aufgabe?
- **Verhalten**: Wie haben Sie sich in dieser konkreten Situation verhalten? Was genau haben Sie getan? Wie haben Sie regiert? – Der Schwerpunkt der Antworten sollte hier auf dem Verhalten des Kandidaten liegen. In diesem Punkt sind manchmal mehrere Nachfragen nötig, denn viele Kandidaten sprechen eher von „man" oder „wir" anstatt von „ich".
- **Ergebnis**: Welches Ergebnis haben Sie erzielt? Welche Lösung haben Sie gefunden?

Offene und geschlossene Fragen

Möglichst viele Informationen gewinnen

Diese beiden Frageformen sind Klassiker. Wollen Sie im Gespräch möglichst viele Informationen über einen Kandidaten gewinnen, nutzen Sie offene W-Fragen (Wer, Was, Wann, Wie, Weshalb, aus welchen Gründen):

- Was macht unser Unternehmen besonders attraktiv für Sie?
- Weshalb haben Sie damals die Stelle gewechselt?
- Wie sind Sie bei dieser Aufgabe vorgegangen?

Wollen Sie (abschließende) Klarheit gewinnen, so setzen Sie geschlossene Fragen ein, die sich mit Ja oder Nein beantworten lassen bzw. dem Kandidaten nur wenig Spielraum geben:

- Ist unser Angebot für Sie attraktiv?
- Arbeiten Sie in der Entwicklungsphase bevorzugt alleine oder lieber im Team?

Skalen und Reihenfolgen

Dinge auf den Punkt bringen

Diese Fragen eignen sich gut, um die Dinge auf den Punkt zu bringen. Ebenso bieten sie einen prima Einstieg in einen neuen Themenkomplex.

- Auf einer Skala von eins bis zehn, wie gut schätzen Sie Ihre Leistung in Ihrer vorherigen Position ein?
- Auf einer Skala, die von „planend“ bis „situativ agierend“ reicht, wo sehen Sie sich selbst?
- Welche Reihenfolge ergibt sich, wenn Sie Ihre bisherigen Positionen nicht chronologisch, sondern danach sortieren, wo Sie Ihre Stärken am besten einbringen konnten?

Unterschiede

Laden Sie den Kandidaten zu Vergleichen ein und achten Sie genau darauf, wo er Unterschiede sieht und wie er diese formuliert:

- Inwiefern denken Sie, dass die neue Position besser zu Ihnen passt als Ihre aktuelle Position?
- Wie groß ist der Unterschied zwischen dem Anteil strategischer Arbeit in Ihrer jetzigen Position und Ihrer Idealvorstellung?
- Was macht aus Ihrer Sicht den Unterschied zwischen einer guten und einer exzellenten Führungskraft aus?
- Inwiefern beurteilen Sie die Position jetzt anders als vor unserem Gespräch?
- Was würden Sie beim nächsten Mal anders machen?

Auswahlfragen (Multiple Choice und Forced Choice)

Eigene Vermutungen ins Spiel bringen

Auswahlfragen eignen sich sehr gut, um eigene Vermutungen über den Kandidaten ins Spiel zu bringen. Stellen Sie Ihrer Vermutung ein oder zwei Alternativen zur Seite und lassen Sie den Kandidaten entscheiden, welcher Variante er den Vorzug gibt. Durch die Reduktion der Auswahlmöglichkeiten schränken Sie den Kandidaten zwar ein, erlangen dafür aber Klarheit.

- Wenn Sie aufgrund einer hervorragenden Leistung die Wahl haben zwischen einem Sonderbonus, einigen freien Tagen oder einem Artikel über Ihre Leistung in der Mitarbeiterzeitschrift, wofür entscheiden Sie sich?
- Interessieren Sie sich eher für das mögliche Ergebnis eines Projekts oder beschäftigen Sie sich lieber mit den praktischen Aspekten bei der Umsetzung?

Hypothetische Fragen

Nur sehr gezielt einzusetzen

Hypothetische Fragen sind eine Einladung zum Träumen. Die Realität wird kurzfristig ausgeblendet und der Kandidat befindet sich gedanklich in einer hypothetischen Situation. Dieser Fragetyp sollte nur sehr gezielt eingesetzt werden, weil er leicht aufs Glatteis führen kann. Und zwar zum einen den Kandidaten, zum anderen aber auch den Interviewer, weil der Kandidat eben kein reales Verhalten reflektiert, sondern seine Wunschvorstellung. In jedem Fall ist es sinnvoll, mit weiterführenden Fragen konkret nachzuhaken.

- Wenn Sie Ihre Wunschposition selbst kreieren könnten, wie sähe diese aus?
- Inwiefern würde sich Ihre Situation ändern, wenn Ihr derzeitiger Chef die Firma verließe?

Selbsteinschätzungen

Selbstkenntnis prüfen

Fragen, bei denen sich der Kandidat selbst einschätzt, sind ein guter Ansatzpunkt, um seine Selbstkenntnis und sein Selbstbewusstsein zu überprüfen. Stellen Sie auch bei diesem Fragetyp sicher, dass der Kandidat im zweiten Schritt von konkreten Situationen berichtet.

- Wie schätzen Sie Ihre Expertise in diesem Bereich ein?
- Wo sehen Sie Ihre besonderen Qualitäten als Führungskraft?
- Was war Ihr größter Erfolg?

Spiegelfragen

Vermutungen validieren, Widerspruch provozieren

Mit Spiegelfragen schildern Sie dem Bewerber den Eindruck, den Sie bisher von ihm gewonnen haben, und fordern ihn zur Stellungnahme auf. Insbesondere wenn Sie Vermutungen validieren oder Widerspruch provozieren wollen, eignet sich diese Vorgehensweise, die über ihre Direktheit auch mehr Dynamik ins Gespräch bringt.

- Ich habe den Eindruck gewonnen, dass Sie mitunter recht hart durchgreifen können, wenn es nottut. Kann das sein?
- Wenn ich das richtig beobachtet habe, zeigen Sie die größte Begeisterung bei strategischen Fragestellungen. Kann man das so sagen?
- Ich habe da jetzt schon eine Weile einen Gedanken im Hinterkopf, dazu würde ich Sie gerne ganz direkt fragen: Kann es sein, dass es außer der Rationalisierungswelle noch einen anderen Grund dafür gibt, dass Sie sich aktuell verändern wollen?

Triadische Fragen

Reflexion über die eigene Wirkung anregen

Durch triadische Fragen führen Sie eine Außenperspektive ins Gespräch ein, indem Sie den Kandidaten nach der Meinung eines nicht anwesenden Dritten fragen. Die Einführung eines virtuellen Gesprächspartners veranlasst den Kandidaten, über die Außenwirkung seines Verhaltens nachzudenken. Dies ist eine sehr gute Methode, um die soziale Wirklichkeit des Kandidaten in die Interviewsituation zu integrieren. Ebenso wie bei hypothetischen Fragen und Selbsteinschätzungen ist allerdings Vorsicht geboten.

- Wie würde Ihre derzeitige Chefin Ihr Engagement beurteilen?
- Woran merken Ihre Kollegen, dass Sie einen schlechten Tag haben?
- Was würde mir ein guter Freund von Ihnen über Ihre besonderen Stärken sagen?
- Wenn ich diese Frage Ihrem wichtigsten Kunden stellen würde, was wäre wohl seine Antwort?

Aufforderungen

Achten Sie auf den Tonfall

Keine Fragen im eigentlichen Sinne, sind Aufforderungen dennoch ein probates Mittel, um Kandidaten zum Sprechen zu bringen. Wichtiger noch als bei den Fragen, ist bei Aufforderungen der Tonfall: Sie sollten nicht wie Befehle klingen. Hier einige Anregungen, wie Sie Aufforderungen immer wieder einmal ins Auswahlgespräch einstreuen können:

- Bitte geben Sie uns dafür ein konkretes Beispiel.
- Schildern Sie uns das doch noch etwas ausführlicher.
- Darüber würden wir gern mehr erfahren.
- Führen Sie diesen Gedanken doch bitte noch etwas genauer aus.
- Das klingt ja interessant, bitte erzählen Sie uns mehr darüber.

Fokusfragen

Konkrete Ausrichtung

Fokusfragen richten die Aufmerksamkeit auf ein bestimmtes Thema: Die Frage „Was sind Ihre wesentlichen Aufgaben in Ihrer aktuellen Position?" bekommt beispielsweise einen ganz anderen Tenor, wenn Sie stattdessen (thematisch sehr ähnlich) fragen: „Mit welchen Aufgaben haben Sie für Ihren derzeitigen Arbeitgeber den größten Mehrwert geschaffen?" Durch die Konkretisierung des Wortes „wesentlich" geht der Fokus von einer in der Tendenz beschreibenden Antwort zu einer leistungs- und ergebnisorientierten Aussage über. Folgende Themenbereiche und Blickwinkel sind empfehlenswert, um dem Auswahlgespräch eine eindeutige Richtung zu geben und dem Kandidaten zu signalisieren, worauf es in Ihrem Unternehmen ankommt:

- Ergebnisse und Erfolge
- Stärken und Talente
- Leistung und Leistungsmotivation
- Beitrag zum Gesamtergebnis des Unternehmens.

Tipp

Auch gut platzierte Sprechpausen, ein kurzes „Und ...?" oder ein bedeutungsvoller, beispielsweise überraschter Blick sind gut dazu geeignet, Kandidaten zu weiteren Ausführungen zu veranlassen.

3 Führen eines guten Auswahlgesprächs

Ein professionelles Auswahlgespräch basiert auf einem präzisen Anforderungsprofil und guten Fragen. Daneben gibt es noch eine Reihe weiterer Qualitätskriterien, die Sie dabei unterstützen, Mitarbeiter passgenau auszuwählen und von Ihrer Vakanz zu überzeugen – das sind die Themen, um die es in diesem Kapitel geht:

- Ihre Rolle und Haltung
- Ablauf des Interviews
- Auswertung des Interviews

Sollten Sie Auswahlgespräche **digital** führen, haben Sie zudem weitere Besonderheiten zu beachten. In den Download-Ressourcen zu diesem Buch biete ich Ihnen ergänzend eine Liste mit Hinweisen zur digitalen Kommunikation an, die Sie sich herunterladen können (vgl. S. 9).

Ihre Rolle und Haltung

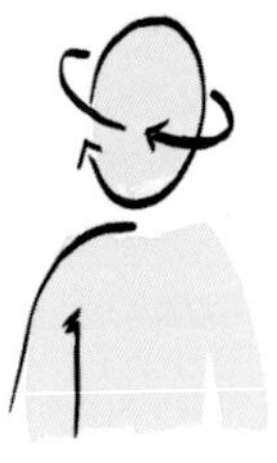

Ihre Einstellung und Ihr Auftreten prägen das Auswahlgespräch und beeinflussen das Verhalten Ihrer Kandidaten. Im Folgenden fasse ich zusammen, worauf Sie achten können, um in Ihrer Rolle stimmig aufzutreten und so die Grundlage für ein konstruktives, freundliches und offenes Gespräch zu legen. Unter diesen Bedingungen sind die Chancen am größten, Ihre Kandidaten authentisch kennenzulernen.

Rollenklarheit

Die Rolle des Interviewers ist von einem potenziellen Zielkonflikt geprägt – einerseits wollen Sie Kandidaten kritisch „auf den Zahn fühlen".

Rolle mit Widersprüchen

Andererseits ist es Ihre Aufgabe, eine konstruktive Gesprächsatmosphäre herzustellen, die Position und Ihr Unternehmen möglichst gut zu vermarkten und ggf. schon eine gute Beziehung zu etablieren für den Fall, dass der Kandidat bei Ihnen anfängt. Hinzu kommt oft der Druck, die Position in einem engen Markt zu besetzen. Es gilt also, widersprüchliche Rollen unter einen Hut zu bekommen. Am besten gelingt das mit einer freundlich-interessierten **Grundhaltung**, einer professionellen **Fragetechnik** (s. S. 91) sowie der **Trennung von Interview und Bewertung** (s. S. 108).

Redeanteile von Interviewer und Kandidat

In zahlreichen Interviews habe ich erlebt, dass Interviewer einen (über) großen Redeanteil haben, sich also beispielsweise in der Rolle eines „Wissensvermittlers" oder „Verkäufers" sehen (oder einfach gerne reden). Dieses Rollenverständnis wird dem Auswahlgespräch nicht gerecht. Schon um das Gebot der Höflichkeit und die Anforderungen des Marketings zu erfüllen, ist ein gewisser Redeanteil des Interviewers notwendig – der Hauptredner ist allerdings der Kandidat. Die wesentliche Rolle des Interviewers ist die des Fragenstellers und Zuhörers – 70% bis 80% der Interviewzeit spricht der Kandidat.

Tipp

Notizen erleichtern es Ihnen, sich nach dem Interview gut an die Aussagen des Kandidaten zu erinnern. Beschreiben Sie dabei den Sachverhalt, anstatt ihn zu bewerten.

- Beispiel für eine wenig aussagekräftige, bewertende Notiz:
  „Ist ein guter Akquisiteur." (Was genau tut der Kandidat, um zu akquirieren?)

- Beispiel für eine aussagekräftige, beschreibende Notiz:
  „Ruft Kunden von sich aus an, überlegt sich passenden Gesprächsaufhänger (Kunde expandiert)."

Konstruktive Grundhaltungen

Ihre Grundhaltung im Interview hat einen starken Einfluss auf dessen Verlauf. Die folgenden konstruktiven Haltungen haben sich für Auswahlgespräche bewährt. Damit schaffen Sie eine gute Basis für ein angenehmes und produktives Gesprächsklima. Ihre Fragen, auch die kniffligen, stellen sich dann umso leichter.

Wertschätzung

Ein professionell-freundliches, entgegenkommendes Verhalten Ihrerseits hinterlässt einen bleibenden guten Eindruck beim Kandidaten. Betrachten Sie den Kandidaten deshalb als Gast in Ihrem Haus und zeigen Sie Ihre Wertschätzung. Diese drückt sich in einigen wenigen Selbstverständlichkeiten aus:

Gebote der Höflichkeit

Das Auswahlgespräch startet pünktlich. Es ist ein ruhiger Raum reserviert und Getränke stehen bereit. Störungen wirken nicht professionell und sollten vermieden werden, sowohl persönliche als auch solche durch Telefonanrufe oder Nachrichten auf dem Smartphone. Lässt sich eine Unterbrechung des Gesprächs nicht vermeiden, wirkt es souverän, wenn Sie dies schon im Vorfeld ankündigen und sich kurz dafür entschuldigen. Ein ehrlich gemeinter Dank für das Interesse des Kandidaten an Ihrem Unternehmen setzt eine konstruktive Note und trägt mit dazu bei, dass das Gespräch auf Augenhöhe geführt wird.

Neugier und Offenheit

Eine wesentliche Erfolgszutat von Interviews ist eine gute Portion Neugier – was motiviert einen Kandidaten, auf welchen Werten basiert sein Handeln, aus welchen Gründen hat er sich für seine Karriere entschieden, wo liegen seine Stärken, womit beschäftigt er sich aktuell, welche besonderen Erfahrungen bringt er mit, warum ist er bei Ihnen?

Mit Urteilen abwarten bis zum Schluss

Dem Gebot der Neugier entgegen steht die menschliche Tendenz, sich schnell ein Urteil zu bilden. Anstatt unvoreingenommen zu beobachten, bewerten wir in Windeseile. Wenn wir einen Menschen neu kennenlernen, fassen wir innerhalb von Sekunden eine Meinung. Im Interview ist dieser Automatismus wenig hilfreich. Auch wenn Sie beispielsweise im ersten Drittel des Interviews schon einen validen Eindruck gewonnen zu haben meinen – es lohnt sich, bis zur letzten Minute offen für die Antworten des Kandidaten zu bleiben. Hilfreich ist dabei die folgende Frage: „Bin ich dem Kandidaten noch positiv-neutral zugewandt?"

Stärkenorientierung

Stärken bringen weiter als die Suche nach Schwächen

Individuelle Höchstleistungen erzielt ein Mitarbeiter, wenn er entsprechend seinen Stärken und Talenten eingesetzt wird. Deshalb ist man gut beraten, sich im Interview darauf zu konzentrieren: Was kann der Kandidat besonders gut? Was tut er gerne und mit Erfolg? Lohnender als nach den Schwächen zu fragen, ist es meist, Lernerfahrungen zu thematisieren – Stichwort *Learning Agility*.

Freundliche Hartnäckigkeit

Keine Scheu nachzuhaken

Oft erlebe ich es in Interviews, dass Kandidaten nicht mit der Genauigkeit oder in der Verständlichkeit und Tiefe antworten, die ich beim Stellen der Frage im Sinn hatte. Das ist nicht verwunderlich, denn woher sollte ein Kandidat meinen Erwartungshorizont kennen? Deshalb ist es hilfreich, wenn Sie als Interviewer mit einer Mischung aus Freundlichkeit und Hartnäckigkeit nachhaken, bis Ihre Frage tatsächlich beantwortet ist (vgl. S. 101 ff.). Die meisten Kandidaten deuten ein solchermaßen „schwieriges" Interview zudem im Sinne einer anspruchsvollen Grundhaltung im Unternehmen, was durchaus ein weiteres Verkaufsargument für die zu besetzende Stelle sein kann. Und Ihre Kandidaten nehmen vielleicht selbst einen neuen Gedanken aus Ihrem Diskurs mit.

Unabhängigkeit

Nein sagen

Sagen Sie *Nein*, wenn Sie nicht zu großen Teilen von dem Kandidaten und seiner Eignung überzeugt sind – auch wenn es sich schon um den zigsten Bewerber handelt. Oder wenn es der ideale Kandidat zu sein scheint, seine Forderungen aber in Bezug auf Ihren Rahmen überzogen sind. Und lassen Sie es einen Bewerber nicht spüren, sollte er Ihre „letzte Hoffnung" sein.

Tipp

Nehmen Sie sich unmittelbar vor dem Auswahlgespräch eine Minute Zeit, um Ihre aktuelle Verfassung zu reflektieren: In welcher Stimmung sind Sie gerade? Was ist gerade passiert, das Einfluss auf Ihr persönliches Befinden hat? Am besten funktionieren Interviews mit einer positiv-neutralen Grundhaltung. Legen Sie deshalb insbesondere negative Stimmungen und Hektik bewusst vor der Tür ab. In den kommenden ein bis zwei Stunden können Sie sich ohnehin nicht um andere Angelegenheiten kümmern.

Ablauf des Interviews

Um ein gelungenes Interview zu führen, können Sie sich an dem folgenden Ablauf orientieren:

- Nach der Begrüßung und Vorstellung, etwas Small Talk und dem Anbieten eines Getränks erfolgt ein erster, kurzer Überblick über die Position, ein Dank für das Interesse des Kandidaten sowie ein Überblick über den Ablauf des Interviews.

- Das Führen des eigentlichen Interviews.
- Vermitteln von Detailinformationen zur Position, insbesondere Ziele, Aufgaben und Rahmenbedingungen.
- Der Kandidat erhält Gelegenheit, seine Fragen zu stellen.
- Der Abschluss des Interviews, erläutern der nächsten Schritte und Verabschiedung.

Der im vorherigen Kapitel vorgestellte Interviewleitfaden gibt Ihnen eine Empfehlung für die ideale Abfolge inhaltlicher Themenblöcke. Das ist eine erste Orientierung – der Verlauf des Gesprächs sorgt in der Regel für Variationen des Ablaufs.

Teilstrukturierte Interviewführung

Zwischen strukturierten Fragen und individueller Vertiefung

Ein Interview findet im Spannungsfeld zwischen zwei Polen statt: Einerseits wollen Sie Ihre Anforderungskriterien möglichst strukturiert erheben und eine Vergleichbarkeit mehrerer Kandidaten gewährleisten – dafür ist es hilfreich, sich an einem vorbereiteten Interviewleitfaden (s. Kapitel 2) zu orientieren. Auf der anderen Seite wollen Sie den Kandidaten als Gesamtperson kennenlernen, individuell auf ihn und seine Antworten eingehen und ein „echtes" Gespräch auf Augenhöhe führen. Dafür ist es notwendig, situativ von Ihrem Interviewleitfaden abzuweichen, beispielsweise wenn Sie auf eine besondere Stärke oder relevante Erfahrung des Kandidaten stoßen, Ihnen eine Antwort unklar ist oder das Gespräch gerade gut fließt.

Insbesondere zu Beginn eines Auswahlgesprächs erlauben breit gefasste, offene Fragen es dem Kandidaten, eine Zeit lang frei zu sprechen. So können Sie sich darauf konzentrieren, den Kandidaten zu beobachten und ihm aufmerksam zuzuhören. Im Hintergrund bilden Sie parallel dazu kontinuierlich Hypothesen zu Ihren Beobachtungen, um daraus ggf. Anschlussfragen zu generieren, die das Gesagte klären, konkretisieren und vertiefen.

Tipp

Die hier vorgestellte Technik des Nachhakens erfordert etwas Übung – bis Sie sich damit sicher fühlen, kann es sinnvoll sein, zunächst in stärkerem Maße mit den Fragen aus Ihrem Interviewleitfaden zu arbeiten.

Nachhaken

Und so funktioniert's – in einer Ablaufgrafik und am Beispiel einer Frage zum Thema „Führung“:

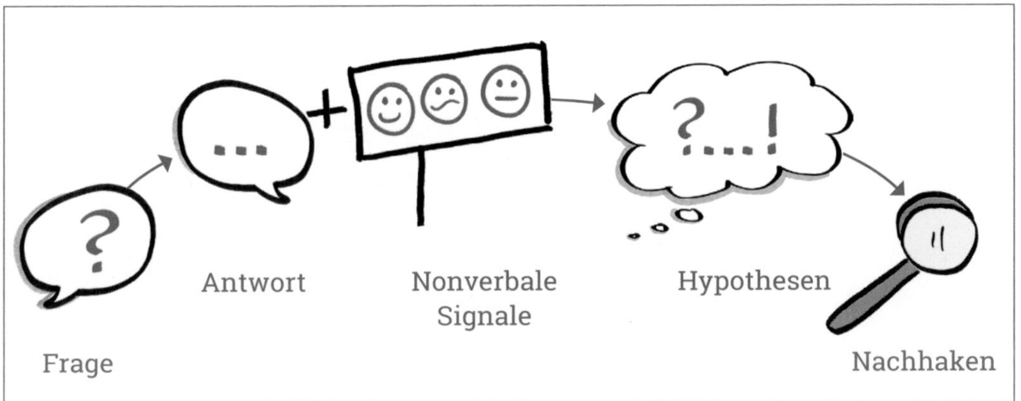

Abb.: Nachhaken

1. Sie starten mit einer vorbereiteten Frage aus Ihrem Interviewleitfaden, beispielsweise: „Was zeichnet Sie als Führungskraft aus?“ Aufgrund ihrer großen Bandbreite eignet sich diese Frage gut als Einstieg ins Thema.

2. Der Kandidat wird wahrscheinlich einen Moment über diese Frage nachdenken. Dabei beobachten Sie ihn und stellen vielleicht fest, dass er etwas heftiger ausatmet, auf dem Stuhl nach vorne rutscht, mit einem Stift knispelt und sein Blick kurz zur Decke wandert. Dann beantwortet der Kandidat Ihre Frage, beispielsweise so: „Ja, ähm ..., ich denke, dass ich für meine Mitarbeiter immer erreichbar bin ... Ja, meine Tür steht immer offen!“

   Sie nicken freundlich und hören dem Kandidaten weiter zu: „Und ... ich führe recht kooperativ, ja, kooperativ. Den Chef lasse nicht so gern 'raushängen.“

3. Parallel ordnen Sie die (non)verbalen Reaktionen des Kandidaten ein und bilden Hypothesen dazu, beispielsweise:
   - „Immer“ kann die Tür ja gar nicht offenstehen. Und was ist, wenn ein Mitarbeiter nicht auf ihn zukommt?
   - Führt er gerne („nicht raushängen lassen“)?
   - Der Kandidat wirkt unsicher (relativierende Wörter, Verlegenheitslaute, Knispeln); habe ich ein kritisches Thema angesprochen?

- Formulierungen wie „ich denke" signalisieren eine kognitive Distanz zum Thema und er hat länger nachgedacht – wie präsent ist das Thema?
- Im Anschreiben sagt er doch, dass ihm Führung wichtig sei.
- In seinem zukünftigen Team sind einige Mitarbeiter, die eine starke Führung benötigen.
- …

4. Jetzt haken Sie nach – beispielsweise mit diesen Fragen:
   - „Woran würde ich Ihren kooperativen Führungsstil als Mitarbeiter bemerken, können Sie uns ein Beispiel dafür geben?"
   - „Das ist mir noch nicht ganz klar geworden: Was machen Sie, wenn ein Mitarbeiter nicht von sich aus auf Sie zukommt?"
   - „Da will ich noch mal nachhaken, vielleicht habe ich da etwas missverstanden. Sie sagten, Sie wollen den Chef nicht raushängen lassen und in Ihren Unterlagen schreiben Sie, dass Ihnen Führung wichtig ist – wie passt das zusammen?"
   - „Können Sie uns eine Situation schildern, in der Sie es mit einem ‚schwierigen' Mitarbeiter zu tun hatten?"
   - „Was reizt Sie an der Führungsrolle?"

Zwischen den Kernfragen immer wieder nachhaken

Wenn Sie hinreichende Klarheit zu Ihrer Ausgangsfrage gewonnen haben, gehen Sie zur nächsten Frage Ihres Interviewleitfadens über.

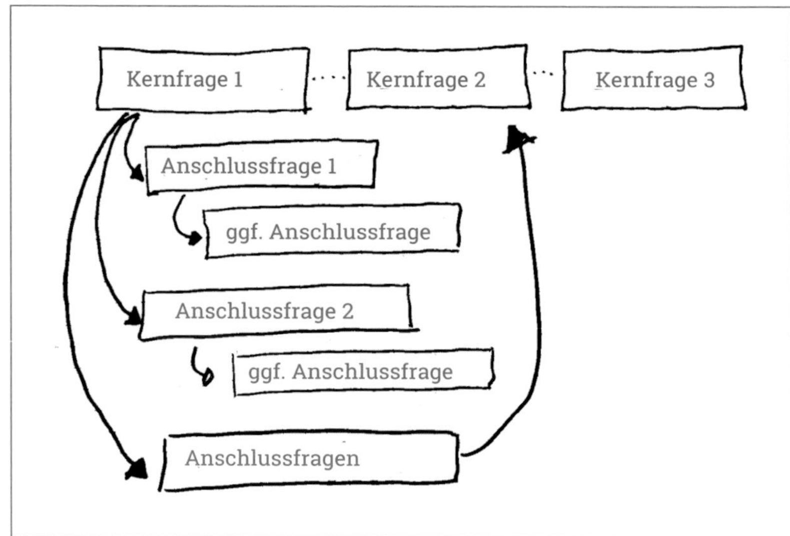

Abb.: Nachhaken, bis hinreichend Klarheit gewonnen ist.

Tipp

Konsequent nachzuhaken zahlt sich aus, auch wenn das zunächst gewöhnungsbedürftig sein kann. Der Zeitpunkt für mögliche Kompromisse ist die Auswertung des Gesprächs im Nachgang.

Prüfpunkte im Interview

Das Gesagte einordnen

An den nachfolgenden Prüfpunkten können Sie sich im Laufe des Gesprächs orientieren und das Gesagte einordnen:

1. Anforderungskriterien

Kontinuierlicher Abgleich der Kriterien

Ein besonders wichtiger Prüfpunkt im Interview sind Ihre Anforderungskriterien. Diese gleichen Sie im Verlauf kontinuierlich mit den Antworten des Kandidaten ab:

- Zu welchen Anforderungskriterien äußert sich der Kandidat umfassend?
- Zu welchen Ihrer Kriterien äußert er sich eher zurückhaltend?
- Zu welchen Kriterien sagt er von sich aus nichts?
- Wo antwortet er auch auf Nachfrage ausweichend?

Hat der Kandidat über eine Kompetenz aus Ihrer Sicht hinreichend gesprochen, können Sie auf der Liste Ihrer Anforderungskriterien gedanklich einen Haken setzen. In einem Workshop hat ein Teilnehmer dafür den Namen *Kompetenz-Bingo* geprägt, den ich sehr treffend finde.

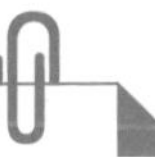

Tipp

Eine Liste Ihrer Anforderungskriterien im Blickfeld unterstützt Sie dabei, den Überblick zu behalten. Etwa zu Beginn des letzten Drittels des Interviews können Sie diese Liste auch „offiziell" einbinden, indem Sie den Kandidaten um einen Moment bitten, um den Stand des Interviews zu reflektieren: „Ich schaue gerade einmal, über welche Themen wir schon gesprochen haben und welche noch offen sind."

2. Verhalten im Interview

Neben den Antworten auf Ihre Fragen bietet Ihnen das Verhalten des Kandidaten im Auswahlgespräch zusätzliche Ansatzpunkte, um weitere Fragen zu generieren. Achten Sie auf Ihren persönlichen Eindruck und nutzen Sie Ihre Intuition. Die folgenden Fragen helfen Ihnen dabei:

Mögliche Verhaltensmerkmale

- Wie spricht der Kandidat – laut oder leise, schnell oder langsam, zurückhaltend, überzeugt, geradeheraus, humorvoll? Entspricht die Art und Weise der Darstellung dem Inhalt des Gesagten?
- Wie schätzen Sie die kommunikative Kompetenz des Kandidaten ein?
- Wie tritt Ihnen der Kandidat entgegen?
- Was legt das Äußere über den Kandidaten nahe?
- Wie selbstsicher und souverän wirkt der Kandidat in seinem Auftreten? Woran machen Sie das fest?
- Welche Haltung nimmt der Kandidat ein?
- Hält der Kandidat Blickkontakt mit Ihnen?
- Wie setzt der Kandidat Gestik und Mimik ein?
- Wie ist die Stimmlage des Kandidaten?
- Erscheinen Ihnen Gestik, Mimik und Stimmlage kongruent mit den inhaltlichen Ausführungen des Kandidaten?
- Mit welchen drei Adjektiven würden Sie das Auftreten des Kandidaten beschreiben?

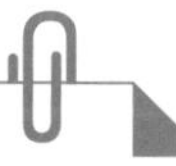

Tipp

Welche Reaktionen und Gefühle löst der Kandidat bei Ihnen aus? Woran machen Sie das fest? Nehmen Sie Ihren persönlichen Eindruck als Anhaltspunkt für Hypothesen und gezielte Fragen – so bekommt ein anfangs vielleicht eher diffuses Gefühl inhaltliche Substanz.

3. Verständlichkeit und Prägnanz

Gerade bei Fach- und Führungskräften ist es eine wesentliche Kompetenz, dass sie ihren Standpunkt verständlich und prägnant kommunizieren: Haben die Ausführungen des Kandidaten einen definierten Anfang und ein eindeutiges Ende? Sind sie logisch nachvollziehbar? Kommt der Kandidat zum Punkt? Vermag er Sie vielleicht sogar zu begeistern?

Im Kontext des Interviews spricht ein hohes Maß an Verständlichkeit darüber hinaus für die Offenheit eines Kandidaten. Schildert ein Kandidat die Dinge hingegen langatmig und übermäßig kompliziert, beispielsweise die Gründe für die Trennung von seinem Arbeitgeber, habe ich oft die Erfahrung gemacht, dass etwas bewusst oder unbewusst verschleiert wird.

4. Plausibilität und Konsistenz

Abgleich mit eigener Praxiserfahrung

Wie passen die Aussagen des Kandidaten zu Ihrem Erfahrungswissen? Ein Beispiel ist die oben zitierte Tür, die „immer" offensteht (vgl die „Floskeln" auf S. 59). Das ist schlichtweg unmöglich und lädt zu weiteren Nachfragen ein. Wie passen die Schilderungen des Kandidaten zu seinen bisher getroffenen Aussagen im Interview und in den Unterlagen?

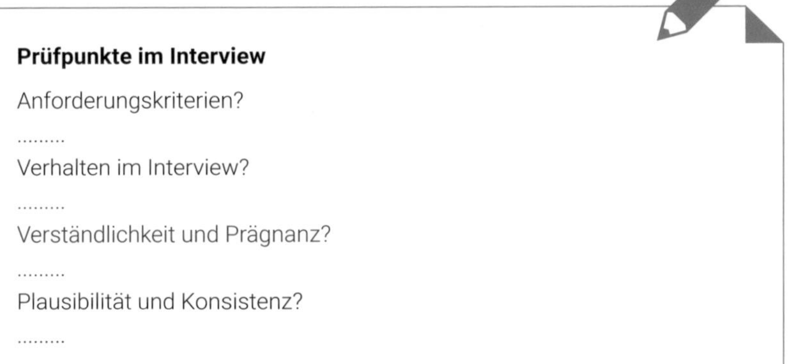

Prüfpunkte im Interview

Anforderungskriterien?

....

Verhalten im Interview?

....

Verständlichkeit und Prägnanz?

....

Plausibilität und Konsistenz?

....

Herausfordernde Kandidaten

Mit dem Instrumentarium in diesem Buch haben Sie eine gute Grundlage für eine große Bandbreite von Kandidaten. Einige Interviewpartner sind allerdings doch etwas herausfordernder – hier finden Sie Hinweise zum konstruktiven Umgang mit ihnen:

Viel- und Wenigsprecher

Aus Sicht von eher schweigsamen Kandidaten ist das Wesentliche oft schon mit wenigen Worten gesagt. Sie lassen sich meist durch freundliches Nachfragen zu ausführlicheren Antworten animieren: „Das ist ein interessanter Punkt für uns, darüber würden wir gern noch mehr erfahren – wie kam es zu diesem sehr guten Ergebnis?"

Bei Vielsprechern kann es eine Herausforderung sein, dass sie ausschweifen und die Informationsdichte nicht sehr hoch ist. Fällt Ihnen dieses Verhalten auf, ist es empfehlenswert, schnell zu intervenieren: „Entschuldigen Sie, dass ich Sie unterbreche, meine Frage war ja ..." Oder: „Dieser Punkt ist in unserem Anforderungsprofil gar nicht so relevant, den brauchen wir nicht so ausführlich zu behandeln. Was uns vielmehr interessiert, ist ..." Ändert sich das Verhalten daraufhin nicht, ist die Wahrscheinlichkeit hoch, dass der Kandidat auch im Alltag ähnlich viele Worte findet.

Unsichere und (zu) selbstsichere Kandidaten

Sowohl bei eher unsicheren als auch bei sehr selbstbewussten Kandidaten ist nicht von vornherein gesagt, dass ihre Wirkung auch ihrer Leistung entspricht – das gilt es herauszufinden. Unsicheren Kandidaten können Sie Mut machen, indem Sie Bestätigung zum Ausdruck bringen und bei Themen nachhaken, bei denen Sie relativ viel Zuversicht spüren. Selbstbewussten Kandidaten, die vielleicht sogar in ein persönliches „Fingerhakeln" mit Ihnen gehen („Wer ist der Bessere?"), können Sie durch anspruchsvoll formulierte Fragen Grenzen setzen: „Was macht diese Leistung aus Ihrer Sicht besonders?" Oder: „Was wäre ein Beispiel für eine exzellente Leistung?" Aber auch, wenn die Leistungsbilanz dem forschen Auftreten entspricht, stellt sich die Frage, inwiefern der Kandidat zu Ihrer Unternehmenskultur passt. Im sozialen Kontext kann eine herausragende Einzelleistung schnell verpuffen.

Tipp

Wenn Ihnen eine der oben beschriebenen Verhaltensweisen auffällt und der Kandidat ansonsten geeignet erscheint, sprechen Sie Ihre Beobachtung offen an – wahrscheinlich sind Sie nicht die erste Person, die dieses Feedback gibt. Wenn der Kandidat bereit ist, an dem Punkt zu arbeiten, kann das für beide Seiten von Nutzen sein. So lässt sich beispielsweise das Thema Vielsprechen gut im Rahmen eines Coachings adressieren.

Die Position vorstellen

Begeisterung wecken

Im letzten Drittel des Interviews ist es die passende Zeit, die Position in größerer Ausführlichkeit vorzustellen. Sie kennen den Kandidaten jetzt schon ganz gut und können Ihre Verkaufsargumente feinjustieren. Versuchen Sie dabei, (im Rahmen Ihrer üblichen Persönlichkeit) Begeisterung für die Aufgabe und Ihr Haus zu entfachen. Malen Sie beispielsweise „die Welt von morgen" aus, indem Sie über die Ziele sprechen, die Sie gemeinsam mit dem Kandidaten erreichen wollen. Achten Sie dabei auf eine positive Wortwahl und bringen Sie Emotionen ins Spiel. Vermitteln Sie Ihren Kandidaten durchaus auch, warum Sie selbst gerne bei Ihrem Unternehmen arbeiten.

Fragen des Kandidaten

Im Anschluss an das Vorstellen der Position ist Zeit für die Fragen des Kandidaten, durch die Sie weitere wertvolle Informationen für Ihre Auswahlentscheidung sammeln. Stellt der Kandidat überhaupt Fragen? Auf welche Themen fokussiert er, beispielsweise auf die Rahmenbedingungen, die Arbeitsinhalte oder die Zusammenarbeit im Unternehmen? Wie „pfiffig" wirken die Fragen auf Sie? In welcher Tonalität fragt der Kandidat, beispielsweise kritisch oder wissbegierig? Wie reagiert er auf Ihre Antworten, insbesondere wenn diese nicht in vollem Umfang seine Erwartungen treffen?

Zu guter Letzt – eine Prise Humor

Wie ganz allgemein im Leben trägt Humor im Interview dazu bei, Situationen zu entschärfen und neue Wege und Einsichten zu eröffnen. Humor sagt auch einiges über die intellektuellen Fähigkeiten eines Kandidaten aus, beispielsweise über sein Analyse- und Abstraktionsvermögen. Und auch darüber, wie wichtig er sich selbst nimmt.

- Humor lässt sich nicht verordnen. Mitunter hilft allerdings schon die Einstellung, dass Interviews nicht bierernst geführt werden müssen, um erfolgreich zu sein.
- Sie bekommen durch die Zutat Humor zudem einen Eindruck davon, wie der Kandidat im Arbeitsalltag in dieser Hinsicht agiert. Wenn Sie zum Lachen künftig nicht in den Keller gehen wollen, achten Sie darauf, ob und wie der Kandidat Humor einsetzt oder wie er auf eine humorvolle Bemerkung Ihrerseits reagiert.
- Vorsicht ist geboten, wenn der Kandidat Witze auf Kosten anderer macht oder gar zynisch wirkt.

Tipp

Lächeln Sie vor dem Interview eine Weile – das versetzt Sie in eine positive Stimmung.

Auswertung

Mit der Auswertung folgt nach dem Interview eine weitere entscheidende Phase des Auswahlprozesses. In diesem Abschnitt erfahren Sie, wie Sie die Puzzleteile gemeinsam mit den am Interview beteiligten Kollegen am besten zusammensetzen und eine Bewertung treffen.

Separate Auswertung

Zwischen Interview und Beurteilung trennen

Die Qualität eines Auswahlgesprächs steigern Sie noch einmal, wenn Sie Ihre Beobachtungen im Interview von der Bewertung trennen und Letztere im Nachgang separat vornehmen. Dank der separaten Auswertung können Sie sich im Interview selbst ausschließlich auf das Fragen, Zuhören und Mitschreiben konzentrieren, ohne sich schon Gedanken über die Beurteilung machen zu müssen.

Ähnlich wie beim Erstellen des Anforderungsprofils profitiert die Auswertung davon, wenn sich alle Gesprächspartner an einen Tisch setzen und ihre Eindrücke übereinanderlegen. Es hat sich bewährt, für die Bewertung eines Kandidaten einen Beobachtungsbogen zu verwenden, in dem Sie die einzelnen Anforderungskriterien mit Ihren qualitativen Beobachtungen Schritt für Schritt abgleichen und quantitativ bewerten. Darüber hinaus ist es bei mehreren Kandidaten für eine Position hilfreich, deren quantitativen Ergebnisse zwecks besserer Vergleichbarkeit aus den individuellen Bewertungsbögen in eine Auswertungsmatrix zu übertragen und zu diskutieren.

Abb.: Auswertungsmatrix

Kernkompetenz A	1	2	3	4	5
Kernkompetenz B	1	2	3	4	5
Kernkompetenz C	1	2	3	4	5
Kernkompetenz n	1	2	3	4	5
Fachkompetenz A	1	2	3	4	5
Fachkompetenz B	1	2	3	4	5
Fachkompetenz n	1	2	3	4	5

1 = Erfüllt Anforderungen zu großen Teilen nicht
2 = Erfüllt Anforderungen teilweise nicht
3 = Erfüllt Anforderungen (Soll-Wert)
4 = Übererfüllt Anforderungen teilweise
5 = Übererfüllt Anforderungen

Es vereinfacht den Auswertungsprozess in der Gruppe, wenn Sie vorab klare Regeln der Entscheidungsfindung festlegen. In vielen Unternehmen hat beispielsweise das Prinzip der Einstimmigkeit Gültigkeit – nur Kandidaten, die von allen an der Auswahl beteiligten Kollegen als geeignet und/oder passend eingeschätzt werden, erhalten ein Angebot. Eine Methode, für die – vom Ende her gedacht – viel spricht.

Beurteilungsfehler vermeiden

Vorschneller Beurteilung entgegenwirken

Viele Interviewer nehmen die erste, unter Umständen vorschnelle Beurteilung eines Kandidaten – ob bewusst oder unbewusst – oft schon nach wenigen Minuten vor. Um dem entgegenzuwirken, arbeiten Sie stringent mit Ihren Anforderungskriterien und achten auf die folgenden möglichen Fehlerquellen:

- Ein einziges Merkmal des Bewerbers überstrahlt die übrige Person und führt so zu vorschnellen Schlussfolgerungen (Halo-Effekt). Beispielsweise war der Kandidat beim Marktführer tätig oder hat einen Harvard-MBA. Auch wenn eine Tätigkeit beim Marktführer ebenso wie ein Harvard-Abschluss per se wahrscheinlich zu einer Qualifikation beitragen, der *passende* Kandidat ist es deshalb nicht unbedingt.

- Die Reihenfolge der Bewerber im Auswahlverfahren hat einen Einfluss darauf, wie Sie einzelne Kandidaten bewerten. Sehen Sie beispielsweise einen eher mittelmäßigen Kandidaten nach zwei oder drei nicht geeigneten Kandidaten, schneidet er in Ihrem Urteil besser ab, als wenn Sie ihn nach einer Reihe exzellenter Kandidaten kennenlernen.

- Negative Eigenschaften von Kandidaten überstrahlen tendenziell die positiven. Haben Sie als Interviewer einen negativen Eindruck gewonnen, ist es schwierig, wieder zu einer positiven Betrachtungsweise zu kommen. Umgekehrt reicht ein negativer Eindruck, um ein ansonsten positives Bild zu einzutrüben. Angenommen, der Kandidat hat überdurchschnittlich lange studiert: Schnell kann er in der Schublade „wenig zielorientiert, nicht gerade ambitioniert etc." landen. Das mag eventuell stimmen, muss aber nicht die ganze Wahrheit sein. Vielleicht hat er ja dennoch ein ausgezeichnetes Examen gemacht und kann mit anderen positiven Eigenschaften punkten, die gut zu Ihrer Vakanz passen.

- Sie haben sich bereits auf Grundlage der schriftlichen Unterlagen oder eines Telefoninterviews ein Bild vom Kandidaten gemacht und sind sehr zuversichtlich, dass er der Richtige für die vakante Position ist. Eine solche sich selbst erfüllende Prophezeiung kann dazu führen, dass Sie dem Kandidaten im Auswahlgespräch besonders entgegenkommen und ihm keine allzu „unangenehmen" Fragen stellen.

- Ihre aktuelle Tagesform wirkt sich auf die Beurteilung von Kandidaten aus: Sind Sie gerade guter Stimmung? Dann hat der Kandidat gute Chancen, dass Sie ihm etwas wohlgesonnener begegnen. Oder sind Sie in großer Eile? Tendenziell werden Sie auch mit dem Kandidaten etwas ungeduldiger sein.

- Der Vergleich Ihrer eigenen Karriere mit der des Kandidaten führt zu einer positiven oder negativen Beurteilung, die wenig über die tatsächliche Eignung des Kandidaten aussagt. Beispielsweise hat der Kandidat an derselben Hochschule studiert wie Sie oder er hat seine Karriere bei einem Unternehmen begonnen, das bei Ihnen einen besonders guten Ruf genießt.

Tipp

Welche Eigenschaften lösen bei Ihnen üblicherweise eine positive Reaktion aus, welche eine negative? Haben Sie beispielsweise ein Faible für eher ruhige Menschen, individuelle Kleidung, subtilen Humor, eine besondere Region auf der Welt? Welche Verhaltensweisen lösen bei Ihnen Reaktanz aus? Beispielsweise ein forsches Auftreten oder Langatmigkeit? Je besser Sie Ihre Vorlieben kennen, desto leichter bleiben Sie im Interview neutral. Arbeiten Sie darüber hinaus aktiv mit Ihrem Eindruck vom jeweiligen Kandidaten, indem Sie konkrete Belege dafür oder dagegen sammeln.

Flexibilität und Entwicklungsorientierung

Was ist notwendig, wo sind Sie flexibel?

Den „perfekten" Kandidaten gibt es selten. Zwei Aspekte können an diesem Punkt weiterhelfen: Flexibilität und Entwicklungsorientierung: Was ist wirklich und unabdingbar notwendig? Wo sind Sie in Bezug auf den Zuschnitt der Position flexibel? Welche Kenntnisse und Fähigkeiten, die der Kandidat (noch) nicht abdeckt, könnten Kollegen oder Dienstleister übernehmen? Ist wirklich eine Vollzeitstelle notwendig?

Bei vielen Kenntnissen, die von Unternehmen im ersten Schritt als *notwendig* erachtet werden, stellt sich bei genauerer Betrachtung heraus, dass sie durchaus erlernbar sind. Welche fach- und branchenspezifischen sowie methodischen Qualifizierungen sind innerhalb eines überschaubaren Zeitrahmens fundiert möglich? Wenn Sie einen guten Kandidaten mit den notwendigen Kompetenzen in Ihrem Bewerber-Pool haben, kann sich diese Investition mehr als lohnen.

Professionelle Rückmeldung

Besonders bei guten Kandidaten, die wahrscheinlich mehrere Angebote erhalten, kann eine hohe Geschwindigkeit im Entscheidungs- und Rückmeldeprozess entscheidend sein. Je länger der Kandidat nichts von Ihnen hört, desto stärker geht er automatisch von Ihrem Desinteresse aus. Aber auch bei Kandidaten, denen Sie kein Angebot machen, hinterlässt eine schnelle und professionelle Absage einen guten Eindruck. In den meisten Fällen wird ein Kandidat sowieso schon spüren, in welche Richtung Ihre Entscheidung geht. In Abstimmung mit einem Arbeitsrechtler zahlt eine fundierte Rückmeldung womöglich sogar auf Ihr Arbeitgeber-Image ein.

Probezeit planen und nutzen

Probezeit individuell gestalten

Im Interview haben Sie eine Menge Informationen über Ihren zukünftigen Mitarbeiter generiert. Diese können Sie für das Gestalten der Probezeit nutzen, beispielsweise indem Sie einen individuellen Einarbeitungs- und Entwicklungsplan erstellen. Es ist auf alle Fälle hilfreich, die erkannten Stärken und Entwicklungsfelder des neuen Mitarbeiters strukturiert zu erfassen und im weiteren Verlauf zu nutzen, am besten zusammen mit dem Mitarbeiter gemeinsam. Auch die sorgfältigste Auswahlentscheidung bietet keine hundertprozentige Sicherheit. Nutzen Sie die Probezeit deshalb auch, um Ihre Auswahlentscheidung im Zeitverlauf zu validieren. Oft höre ich von Führungskräften, dass sie Probleme, die ggf. später auftreten, schon im Ansatz während der Probezeit bemerkt haben. Innerhalb der Probezeit ist es noch recht einfach möglich, sich von einem Mitarbeiter zu trennen. Setzen Sie sich für alle Fälle etwa drei Wochen vor Ende der Probezeit einen Reminder, da ggf. der Betriebsrat eingebunden werden muss.

Auch wenn absolute Sicherheit im Recruiting (noch) nicht erreichbar ist – mit den in diesem Buch vorgestellten Techniken nähern Sie sich diesem Punkt bestmöglich an. Der Mehraufwand, beispielsweise im Vergleich zu einem unstrukturierten Interview, macht sich bezahlt – garantiert!

4 Ergänzende Eignungsdiagnostik

Ein professionell geführtes Auswahlgespräch ist eine solide Grundlage für Ihre Auswahlentscheidung. Mit den in diesem Kapitel erläuterten Methoden der ergänzenden Eignungsdiagnostik steigern Sie deren Prognosekraft noch einmal spürbar:

- Arbeitsproben,
- Präsentationen,
- Rollen-Simulationen,
- Persönlichkeitsinventare,
- Leistungs- und Intelligenztests,
- digitale Sprachanalyse,
- Gamification,
- soziale Validierung,
- Referenzen.

Die in diesem Kapitel vorgestellten Methoden haben den Vorteil, dass sie in der Anwendung recht unkompliziert sind, von den meisten Kandidaten gut angenommen werden und sich leicht in den Interviewprozess integrieren lassen. Je nach Anzahl der verwendeten Module können Sie das Interview auch zu einem kleinen Assessment-Center ausbauen.

Arbeitsproben

Bei Auswahlverfahren für kreative Berufen gehören Arbeitsproben zum Standard. Und auch ein Professor hält im Rahmen der Auswahl eine Probevorlesung. Dieses Prinzip lässt sich auf viele weitere Berufe anwenden. Mithilfe von Arbeitsproben bekommen Sie einen Eindruck von der Arbeitsqualität des Kandidaten aus erster Hand. Dazu bieten sich vier Varianten an:

a) Originalunterlagen aus dem Berufsalltag des Kandidaten

Unaufwendige Arbeitsprobe

Mit dieser unaufwendigen Form der Arbeitsprobe gewinnen Sie einen authentischen Eindruck von der Arbeit des Kandidaten im Alltag. Je nach Funktion und Bereich des Kandidaten kommt dafür eine Vielzahl von Belegen in Frage: Business- oder Projekt-Plan, Machbarkeitsstudie, Marketing-Kampagne, Kundenpräsentation, Jahresbericht, Unternehmenszeitschrift, Trainingskonzept etc.

Der Nachteil: Sie können nicht sicher sein, welchen Anteil der Kandidat selbst am Ergebnis hatte, wie lange er dafür gebraucht hat und welche Unterstützung er womöglich in Anspruch genommen hat. Deshalb kommen wir auch hier schnell wieder auf das Grundprinzip dieses Buches zurück: Fragen. Verwickeln Sie den Kandidaten in ein Fachgespräch über seine Arbeit. Folgende Fragen sind hilfreich:

Fragen zur Arbeitsprobe

- Was war Ihr Gedanke dabei? Wie sind Sie auf diese Idee gekommen?
- Was fiel Ihnen bei dieser Aufgabe besonders schwer/leicht?
- Was hat Ihnen bei der Arbeit besondere Freude bereitet?
- Welche Ihrer Stärken kamen besonders zum Tragen?
- Wie viel Zeit würden Sie für eine ähnliche Aufgabe veranschlagen?
- Wie haben Sie bei dieser Aufgabe mit anderen zusammengearbeitet?
- Welches Feedback haben Sie zu dieser Arbeit bekommen?
- Gibt es Dinge, die Sie beim nächsten Mal anders machen würden? Warum?
- Stellen Sie darüber hinaus fachliche Detailfragen zu der vom Kandidaten vorgelegten Arbeitsprobe.

b) Aufgaben, die der Kandidat im Interview bearbeitet

Aufgaben während des Auswahlgesprächs sind eine gute Möglichkeit, sich in kurzer Zeit einen Eindruck von der Vorgehensweise und Leistungsfähigkeit eines Kandidaten zu machen. Zudem können Sie die Aufgabenstellung auf Ihre Vakanz abstimmen. Achten Sie darauf, die Aufgabe entsprechend der im Interview zur Verfügung stehenden Zeit und den vorhandenen Ressourcen zuzuschneiden.

Mögliche Vor-Ort-Aufgaben

Hier einige mögliche Aufgabenstellungen: Analyse einer Bilanz, Beurteilen eines Marketing-Konzepts, Einschätzen von Trainingsunterlagen, Bearbeiten kurzer Szenarien oder Case Studies aus Ihrer aktuellen Unternehmenspraxis, spezielle fachliche Aufgaben, ein improvisiertes Vertriebsgespräch.

c) Aufgaben, die der Kandidat vor dem Interview gezielt vorbereitet

Vorabaufgaben stellen die Schnittmenge der beiden zuvor beschriebenen Varianten dar: Sie haben direkten Einfluss auf die Aufgabenstellung. Und der Kandidat hat hinreichend Zeit, die Aufgabe auszuarbeiten, sodass diese etwas komplexer ausfallen kann. Weil Sie auch in diesem Fall nicht sicher sein können, dass der Kandidat die Aufgabe alleine bearbeitet hat, ist es auch hier sinnvoll, darüber ins Gespräch zu kommen.

d) Probearbeiten

Wenn Sie bereit sind, einem Kandidaten ein Vertragsangebot zu machen, bietet sich bei einigen Berufsprofilen als letzter Prüfpunkt ein Probearbeiten an. Der Kandidat kommt für einen Tag ins Unternehmen, lernt die Kollegen im Live-Betrieb kennen und arbeitet selbst mit.

Präsentationen

Wenn es im Auswahlverfahren um Positionen geht, in denen es auf eine gelungene Außenwirkung ankommt, zum Beispiel in Vertrieb und Führung, eignen sich Präsentationen sehr gut zum Überprüfen der relevanten Kompetenzen. Zwei Arten von Präsentationen lassen sich unterscheiden: vorbereitete Präsentationen und solche aus dem Stegreif, die dem Kandidaten nur eine kurze Vorbereitungszeit gewähren. Beide Anforderungen kommen in der Praxis häufig vor.

Zweckmäßige Themen

Zweckmäßig sind Präsentationsanlässe aus dem Berufsalltag des Kandidaten, etwa die Präsentation des eigenen Leistungsspektrums vor Kunden, die Unternehmenspräsentation auf einer Bewerbermesse oder die Vorstellung der Geschäftsstrategie vor möglichen Investoren. Häufig wird Kandidaten auch die Aufgabe gestellt, die eigene Person in Form einer Kurzpräsentation vorzustellen, beispielsweise anhand der Leitfrage: „Was sollten wir vor dem Hintergrund der zu besetzenden Vakanz über Sie wissen?“ Für ein Zweitgespräch eignet sich diese Frage gut: „Welche Ideen haben Sie schon für die Gestaltung der ersten 100 Tage?“

Die Form der Präsentation ist unerheblich. Eine PowerPoint-Präsentation ist optisch sicher ansprechend. Allerdings erschließen Sie die wesentlichen Elemente der Präsentationsfähigkeit des Kandidaten auch, wenn dieser „nur“ auf ein Flipchart zurückgreifen kann. Sie bekommen zügig einen Eindruck davon, wie verständlich er die Inhalte strukturiert, wichtige Punkte herausarbeitet und unterfüttert und wie er Ihr Interesse durch Sprache, Gestik und Mimik, also durch einen souveränen Auftritt, zu gewinnen weiß. Die verschiedenen Aspekte der Präsentationsfähigkeit des Kandidaten können Sie mithilfe einer Checkliste (zum Download, s. S. 9) systematisch erfassen. Nutzen Sie Präsentation auch dazu, mit dem Kandidaten ins Gespräch zu kommen. Dafür sind folgenden, durchaus auch kritischen Formulierungen hilfreich:

- Entschuldigen Sie die Unterbrechung, dieser Punkt ist mir nicht ganz klar geworden ...
- Ja, ich verstehe Ihren Standpunkt. Meiner Erfahrung nach ...
- An dieser Stelle würde ich gerne noch etwas weiter in die Tiefe gehen. Wie verhält sich ...?
- Diesen Punkt finde ich gerade ganz wichtig. Was denken Ihre Kollegen darüber?

Nach Abschluss der Präsentation geben Sie dem Kandidaten noch Gelegenheit, sich zu seiner Leistung zu äußern. Dadurch lösen Sie die künstliche Situation der Simulation elegant auf, nehmen Spannung aus dem Gespräch, können das Gezeigte besser einordnen und erfahren zudem etwas über die Reflexionsfähigkeit des Kandidaten. Dazu bieten sich folgende Fragen an:

Nach der Selbsteinschätzung fragen

- Wie schätzen Sie Ihre Präsentation ein? Was ist Ihnen gut gelungen? Wo sehen Sie noch Optimierungspotenzial?
- Welches Ziel/welche Gliederung/welches Drehbuch hatten Sie für Ihre Präsentation im Kopf?
- Was an dieser Präsentation war typisch für Sie? Was weniger?

Rollensimulationen

Indikator für typische Verhaltensweisen

Auch wenn eine inszenierte Situation, so eine oft geäußerte Kritik, die Realität nicht in ihrer Komplexität und Detailschärfe abbildet, erhalten Sie durch eine Rollensimulation einen guten Eindruck davon, wie der Kandidat im Alltag agiert, gerade weil er sich ohne differenzierten Kontext auf seine eigenen Hintergrundbilder und bewährten Muster verlassen muss. Wer beispielsweise gewohnt ist, im Mitarbeitergespräch erst einmal Fragen zu stellen und zuzuhören, wird dies mit einiger Wahrscheinlichkeit auch im Rollenspiel tun. Wer im Verkaufsgespräch darauf setzt, seinen Gesprächspartner im Stil eines Dampfplauderers zu überreden, wird dieses Verhalten wahrscheinlich auch im Rollenspiel an den Tag legen. Mit diesen beiden Beispielen sind auch schon die meistgewählten Szenarien für Simulationen genannt: das Mitarbeitergespräch sowie das Kunden- bzw. Verkaufsgespräch. Das Rollenspiel sollte möglichst nah an eine reale Situation angelehnt sein, also zum Beispiel ein typisches Problem mit Mitarbeitern oder Kunden aufgreifen.

Essenziell für ein gelungenes Rollenspiel sind eine gute Vorbereitung sowie die Auswahl geeigneter Mitspieler. Letztere sollten künftig nicht direkt mit dem Kandidaten in einer Berichtslinie arbeiten und die Rolle von ihrer Erfahrung und ihrem Standing her gut ausfüllen. Erarbeiten Sie für jeden der Teilnehmer (Kandidat, Gesprächspartner) eine eigene kompakte Rollenbeschreibung (ca. eine Seite) mit den folgenden Eckdaten:

Vorbereitete Rollenbeschreibungen

- Informationen zur Rolle: Position, Funktion, Alter, Firmenzugehörigkeit, typische Verhaltensweisen etc.;
- Rahmenbedingungen, insbesondere Ort und Dauer des Gesprächs;
- Informationen zum Kontext: Art des Unternehmens, Größe, Branche etc.;
- Informationen über den Gesprächspartner;
- Anlass und Inhalt des Gesprächs, Problemszenario inklusive kurzer Historie;
- Zielsetzung des Gesprächs für Kandidaten und Mitspieler, gewünschtes Ergebnis;
- ggf. Regieanweisungen zum Verhalten der Mitspieler (zum Beispiel: hartnäckig, aber nicht unnachgiebig, wenn der Kandidat überzeugende Argumente bringt).

Der Kandidat sollte Gelegenheit haben, sich auf das Rollenspiel vorzubereiten und seine Vorgehensweise zu planen. Je nach Umfang der Rollenbeschreibung sind dafür etwa 20–30 Minuten angemessen. Unsere Checkliste in den Download-Ressourcen zu diesem Buch unterstützt Sie dabei, alle relevanten Aspekte der Interaktion zu erfassen und eine punktgenaue Rückmeldung geben zu können. Wie bei Präsentationen hat es sich bewährt, dem Kandidaten im Anschluss an das Rollenspiel Gelegenheit zu geben, seine Leistung zu reflektieren.

Persönlichkeitsinventare

Strukturierte Selbstbeschreibung

Persönlichkeitsinventare weisen ein nach bestimmten Kriterien, beispielsweise Kernkompetenzen, strukturiertes Profil eines Kandidaten aus, das auf Selbstbeschreibung beruht. Meist erfolgt die Durchführung online. Der Kandidat bewertet eine Reihe von Aussagen, indem er angibt, wie gut die jeweilige Beschreibung auf ihn zutrifft. Zum Beispiel wird eine Aussage wie „Ich messe mich gern mit Kollegen" auf einer Skala von 0 (trifft nicht zu) bis 5 (trifft stark zu) bewertet. Diese Selbsteinschätzungen werden im nächsten Schritt aggregiert und zu einem großen Datenpool in Relation gesetzt. Im Ergebnis erhalten Sie ein Profil im Vergleich zu einer Referenzgruppe, beispielsweise zur Gruppe der

Fach- und Führungskräfte. Sie können damit Aussagen wie die folgende treffen: Im Vergleich zu anderen Fach- und Führungskräften schätzt sich der Kandidat überdurchschnittlich wettbewerbsorientiert ein.

Die Ergebnisse validieren

Als Mosaikstein im Auswahlprozess eignen sich Persönlichkeitsinventare gut dazu, sich einen ersten Eindruck zu bilden und Hypothesen über einen Kandidaten zu generieren, die Sie dann im Interview hinterfragen. Für bare Münze nehmen sollte man die Ergebnisse jedoch nicht, denn es handelt sich ja um eine Selbstbeschreibung – die Ergebnisse sollten immer individuell validiert werden. Darüber hinaus lassen sich Rückschlüsse aus den Antwortmustern ziehen – beispielsweise ob sich ein Teilnehmer tendenziell über- oder unterschätzt oder nicht auffallen möchte. Persönlichkeitsinventare unterstützen Sie zudem im Personalmarketing, wenn Sie Ihren Kandidaten die Ergebnisse im Nachgang aushändigen – die Teilnehmer erhalten gratis ein strukturiertes Selbstbild und nehmen etwas Greifbares aus dem Gespräch mit Ihnen mit. Auch für die Gestaltung der Probezeit können Sie wertvolle Ansatzpunkte gewinnen. Mit den nachfolgenden Hinweisen bauen Sie Persönlichkeitsinventare erfolgreich in den Auswahlprozess ein:

Voraussetzung für den Einsatz

- Stimmen Sie die Durchführung von Persönlichkeitsinventaren wo erforderlich mit dem Betriebsrat ab.
- Insbesondere externe Kandidaten laden Sie freundlich ein, überlassen aber ihnen die Entscheidung, ob sie das Inventar bearbeiten wollen. Wenn Sie den Test nicht als Pflicht deklarieren, erreichen Sie eine hohe Teilnahmequote und erhalten relativ unverfälschte Ergebnisse.
- Stellen Sie sicher, dass die Durchführung des Inventars von einem erfahrenen Profi begleitet wird. Auch wenn viele Persönlichkeitsinventare selbsterklärend zu sein scheinen, bedarf es in aller Regel doch eines geübten Blicks, um die richtigen Schlussfolgerungen zu ziehen.
- Gewährleisten Sie ein qualifiziertes Feedback an den Kandidaten und validieren Sie die Ergebnisse im persönlichen Gespräch. Die folgenden Fragestellungen bieten sich an, um mit dem Kandidaten ins vertiefende Gespräch zu kommen:
  - Was kommt Ihnen bei den Ergebnissen bekannt vor?
  - Was überrascht Sie an den Ergebnissen?
  - In welchen Situationen spiegelt sich diese Ausprägung in Ihrem Berufsalltag wider?
  - Wo haben Sie diese Kompetenz als hilfreich erlebt? Wo als hinderlich?
  - Wie hat sich diese Ausprägung aus Ihrer Sicht in letzter Zeit vielleicht verändert?

- Eine zentrale Bezugsquelle für Persönlichkeitsinventare ist der Hogrefe Verlag: *www. testzentrale.de*

Das Bochumer Inventar zur berufsbezogenen Persönlichkeitsbeschreibung (BIP)

Eines der Persönlichkeitsinventare, die wissenschaftlichen Gütekriterien (z.B. Validität und Reliabilität) genügen und die sich in der Praxis bewährt haben, stellen wir hier beispielhaft vor: das *Bochumer Inventar zur berufsbezogenen Persönlichkeitsbeschreibung* (BIP). Das BIP (Hossiep und Paschen 2019) ist aus einer Kooperation von Praxis und Wissenschaft entstanden und bildet 14 im Berufsleben relevante Kernkompetenzen ab. Diese gliedern sich in die folgenden Bereiche:

Berufliche Motivation: Leistung – Gestaltung – Führung
Arbeitsverhalten: Gewissenhaftigkeit – Flexibilität – Handlungsorientierung
Soziale Kompetenzen: Sensitivität – Kontaktfähigkeit – Soziabilität – Teamorientierung – Durchsetzungsstärke
Psychische Konstitution: Emotionale Stabilität – Belastbarkeit – Selbstbewusstsein

Die Durchführung des BIP erfolgt in der Regel online und umfasst ca. 200 Fragen, die auf einer sechsstufigen Rating-Skala beantwortet werden; die Durchführungszeit beträgt ca. 35 Minuten. Die Ergebnisse werden in Form einer Grafik dargestellt (s. Abbildung rechts), zusätzliche Interpretationshinweise im Test-Manual oder im optionalen Report erleichtern die Einordnung der Ergebnisse. Eine vollständige beispielhafte BIP-Auswertung können Sie in den Download-Ressourcen zu diesem Buch herunterladen (vgl. S. 9) Die Auswertung erfolgt zielgruppenspezifisch (Fach- und Führungskräfte); die aktuelle Normierung aus dem Jahr 2018 umfasst Daten von mehr als 22.000 Fach- und Führungskräften.

Das BIP wird ausdrücklich für die Unterstützung bei Auswahlentscheidungen empfohlen und ist ohne Lizenzierung erhältlich; nichtsdestotrotz ist die Durchführung des Ergebnis-Feedbacks durch einen geschulten Anwender zu empfehlen. Die Kategorien des BIP sind praxisnah und lassen für die verschieden Berufsgruppen und Positionen eine differenzierte Einschätzung der Passung des Kandidaten zu. Die Ergebnisdarstellung ist auch für Kandidaten, die nicht mit dem Instrument vertraut sind, schnell zu erfassen und wird gut akzeptiert. Weitere

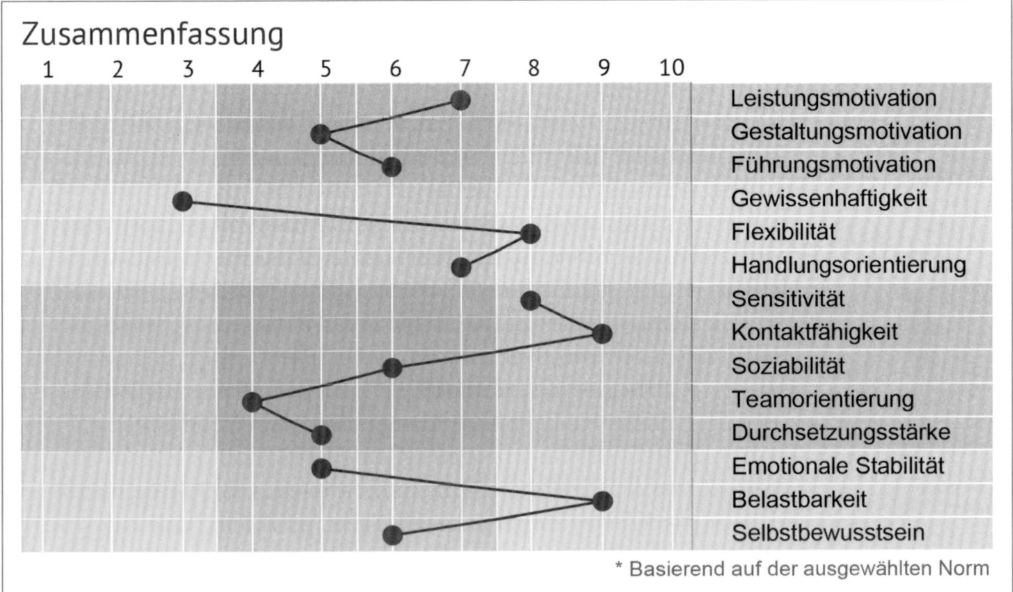

Abb.: Beispielhafte Ergebnisse des BIP ©Hogrefe

Informationen zu Persönlichkeitsinventaren und deren Einsatz finden Sie in dem Buch „Personalauswahl und -entwicklung mit Persönlichkeitstests" von Rüdiger Hossiep und Oliver Mühlhaus (2015).

Leistungs- und Intelligenztests

Leistungs- und Intelligenztests messen die individuelle kognitive Leistung und Belastbarkeit eines Kandidaten. Das Ergebnis wird als Punkt- oder Prozentwert ausgewiesen, mitunter auch als IQ. Leistungs- und Intelligenztests werden in einigen Unternehmen gerne eingesetzt, um zu verifizieren, ob Berufseinsteiger einen Mindeststandard an kognitiven Fähigkeiten erfüllen. Ebenso eignen sie sich, um aus einer großen Anzahl von Bewerbern eine erste Vorauswahl zu treffen. Ist dieses Vorgehen mit den Kandidaten und, wo erforderlich, mit dem Betriebsrat abgestimmt, kann es eine sinnvolle Ergänzung zum Auswahlgespräch sein, insbesondere bei Nachwuchskräften.

- Stimmen Sie die Durchführung von Leistungs- und Intelligenztests wo erforderlich mit dem Betriebsrat ab und stellen Sie sicher, dass der Teilnehmer eine qualifizierte Rückmeldung der Ergebnisse erhält.

Empfehlenswerte Leistungs- und Intelligenztests

- Eine zentrale Bezugsquelle für Leistungs- und Intelligenztests ist der Hogrefe Verlag: *www.testzentrale.de*. Drei empfehlenswerte Leistung- und Intelligenztests sind:
  - Der *Zahlen-Verbindungs-Test* (ZVT) misst die allen Intelligenzleistungen zugrunde liegende kognitive Leistungsgeschwindigkeit (Bearbeitungsgeschwindigkeit).
  - Der *Bochumer Matrizentest*, BoMat Advanced (Short Version) misst die Allgemeinintelligenz und die Intelligenzkapazität im hohen kognitiven Leistungsbereich anhand zu vervollständigender Matrizen.
  - Der *Intelligenz-Struktur-Test* ist der umfangreichste Test dieser Gruppe. Modular aufgebaut, erlaubt er das zielgerichtete Testen von unterschiedlichen Intelligenzformen wie verbale, figural-räumliche Intelligenz oder schlussfolgerndes Denken. Zusätzlich enthält der IST einen Wissenstest.

Digitale Sprachanalyse

Die digitale Sprachanalyse ist als technologische Innovation erst seit einigen Jahren auf dem Markt und liefert Aussagen über die kommunikative Wirkweise eines Kandidaten, beispielsweise darüber, wie zuverlässig, zielorientiert oder empathisch er kommuniziert. Insbesondere in Vertriebs-, Service- und Führungspositionen ist das eine sehr relevante Fragestellung. Dazu wird eine sogenannte Sprachprobe (beispielsweise ein automatisiertes Telefoninterview) u.a. in Bezug auf die verwendeten Worte, Wortumgebungen und Satzstrukturen analysiert. Um die individuellen Wirkweisen zu bestimmen, gleicht das Programm diese Ergebnisse mit Referenzdatensätzen ab.

Die marktführende Technologie, die Disziplinen wie Psycholinguistik und Machine Learning verbindet, stammt von dem Aachener Startup *Precire*; das Angebot für Endanwender ist aktuell (2020) noch recht übersichtlich.

Über ihre Erfahrungen mit der digitalen Sprachanalyse in der Personalauswahl habe ich mit der Leiterin des TestCenters der Personalberatung TRESCON in Linz gesprochen, Mag.a Regina E. Fenzl.

Frau Fenzl, aus welchen Gründen haben Sie sich dafür entschieden, die digitale Sprachanalyse zu verwenden?

Den richtigen Ton treffen, Informationen geschickt verpacken, eine Pause perfekt platzieren: Zielgerichtete Kommunikation ist ein absolutes Kernthema in jeder Organisation. Mit der Analyse der Sprache reagieren wir somit auf jene Personen, die sich z. B. fragen „Wie kann ich meine Wirkung optimieren, um im Bewerbungsgespräch zu überzeugen? Wie kommuniziere ich mit Charisma als Führungskraft?" In den meisten Unternehmen bekommt man nur spärliches oder selektives Feedback zur eigenen Wirkung. Mit diesem Tool kann jeder die eigene Kommunikation testen – und bei Bedarf gezielt verbessern.

Wie reagieren die Teilnehmer?

Am häufigsten erlebe ich großes Erstaunen: einerseits wie stimmig das Ergebnisprofil der eigenen Wahrnehmung entspricht; andererseits werden speziell „blinde Flecken" als aufschlussreich erlebt.

Dazu zwei kleine Beispiele: Wenn ich wenig in der Gegenwartsform spreche, wirke ich nicht präsent. Wenn ich viele neutrale Aussagen verwende, erzeuge ich keine emotionalen Bilder. Beides lässt sich recht leicht trainieren und in die eigene Sprache einbauen.

Worauf ist beim Einsatz zu achten?

Bei der Durchführung wird auf die Einhaltung in Europa glücklicherweise klar ausdifferenzierter Grundregeln in Bezug auf den Umgang mit personensensiblen Daten geachtet, das impliziert auch den Aspekt der Freiwilligkeit. Der Einsatz in der Praxis verläuft recht unspektakulär. Das liegt vielleicht auch daran, dass es nicht wichtig ist, was genau erzählt wird, nur wie etwas gesagt wird, da konkrete Inhalte aus dem Gespräch nicht weitergegeben werden. Meiner Erfahrung nach ist das oft die größte Sorge der Teilnehmer.

Gamification

Dies ist ein Gastbeitrag von Jasmin Deniz Karatas, Expertin für Gamification, u.a. bei Accenture und ihrem eigenen Start-up Myndset.

Gamification hat viele Facetten. Oft versteht man darunter nur eine Motivationssteigerung durch den Einsatz von Spiel-Elementen wie Likes, Highscores und Fortschrittsbalken. Darüber hinaus beinhaltet Gamification aber viel mehr als das Gestalten von Situationen durch die Anwendung von Erkenntnissen aus der wissenschaftlichen Betrachtung von Spielen. Das Konzept ist eng mit der Verhaltenspsychologie und -ökonomie und auch mit den Neurowissenschaften verwoben. Im Grunde genommen geht es darum, Emotionen, Analogien und Verhaltensweisen zu gestalten (und nicht nur Spiel-Mechanismen auf einen Prozess anzuwenden).

Kompetenzen und Cultural Fit erkennen

Im Recruiting lässt sich Gamification zu zwei Zwecken einsetzen: Kompetenzen und den *Cultural Fit* erkennen sowie Kandidaten spielerisch mit dem Unternehmen vertraut machen. Unternehmen wie Adecco, Edeka, Accenture, Unilever, L'Oréal und Marriott setzen heute vermehrt auf den Einsatz von Online-Spielen im Recruiting. Fast jedes der Fortune-500 oder Dax-30-Unternehmen nutzt *gamifizierte* Elemente in der Personalauswahl. Insbesondere die jüngere Generation lässt sich damit wirkungsvoll ansprechen und zunehmend spielen auch die Älteren mit. Games sind im Mainstream angekommen.

Volkswagen und Siemens „verpacken" Themen wie IoT, Supply-Chain und Anlagenbau in Spiele. Beim Discounter Lidl schlüpfen Bewerber in dem Serious Game *My Lidl World* in die Rolle eines Filialleiters (das Spiel können Sie mit der App selbst ausprobieren). Bei der Targobank gehen potenzielle Auszubildende auf die virtuelle *Targobank Tour*. Die Bundespolizei bietet möglichen Bewerbern ein reales *Escape Game* an, bei dem sich beispielsweise sehen lässt, wie Kandidaten im Team arbeiten oder sich in Sachen Leadership verhalten – so gut wie jede Kompetenz lässt sich im Rahmen eines Spiels beobachten.

Gamification-Anwendungen können sehr einfach bis sehr komplex aufgebaut sein, je nach Fachkenntnis, Seniorität und Wissensstand der gesuchten Profile. Viele IT-Systeme wie Workday, Success Factor oder auch Salesforce lassen sich durch separate Gamification-Module erweitern, beispielsweise von Mambo.io, SAP Core, Bunchball Nitro und Centrical. Wer es einfacher haben möchte, kann Quiz-Apps wie zum Beispiel Kahoot verwenden.

Klassische Spiele

Aber auch klassische Spiele erfüllen den Zweck: Einige Personaler spielen einfach *Risiko* oder *Die Siedler von Catan* mit ihren Kandidaten. Auch dabei wird deutlich, wie sie beispielsweise auf Neues reagieren, wie sie ihre strategischen Rollen einnehmen und zusammenarbeiten. Gamification ist ein weites Feld. Am einfachsten nähern Sie sich der Materie, indem Sie selbst ausprobieren, experimentieren und kreativ werden: Wie gestalte ich ein Assessment so, dass es zum Spiel wird bzw. spielerische Elemente enthält?

Soziale Validierung

Um die Auswahlentscheidung abzusichern, beziehen viele Unternehmen weitere Mitarbeiter ein. Häufig erhält der Kandidat nur ein Angebot, wenn alle Beteiligten zustimmen. Auch die meisten Kandidaten schätzen diese „Extraschleifen". Denn so wissen auch sie noch besser, was und wer sie am neuen Arbeitsplatz erwartet. Zudem wird dieser zusätzliche Aufwand häufig als Wertschätzung interpretiert und spricht auf alle Fälle für die Qualität Ihres Auswahlprozesses. Die folgenden Formate lassen sich mit überschaubarem Aufwand an ein Auswahlgespräch anschließen:

- Kurzinterviews,
- informelle Flurgespräche,
- Team-Vorstellung.

Kurzinterviews haben einen eher informellen Charakter. Die Themen kommen üblicherweise aus der Vita des Kandidaten, seinem Interesse an Ihrem Unternehmen sowie der (auf beiden Seiten) jeweils bevorzugten Art und Weise der Zusammenarbeit. Besonders gut eignen sich als Interviewer Kollegen, die mit dem Kandidaten künftig auf Augenhöhe arbeiten würden, ebenso wie weitere Führungskräfte. Als zeitlicher Rahmen empfiehlt sich etwa eine halbe Stunde pro Gesprächspartner; um den Prozess effizient zu gestalten, können Kurzinterviews auch von zwei Kollegen gemeinsam geführt werden. Bei mehreren Kurzinterviews mit einem Kandidaten empfiehlt es sich, die Themen grob abzustimmen – so kommt Varianz ins Spiel.

Flurgespräche beanspruchen deutlich weniger Zeit als die oben genannten Kurzinterviews. Den passenden Rahmen für diese Gespräche bildet eine Führung des Kandidaten durch Ihr Haus mit vorher festgelegten Stationen. Besonders gut geeignet für ein solch informelles, kurzes Kennenlernen sind Kollegen mit einer starken Intuition sowie Personen, die durch den Kontakt mit vielen Menschen eine ausgeprägte Menschenkenntnis erworben haben.

Team-Vorstellung: Als letzten Schritt vor einer Vertragsunterzeichnung schätzen die meisten Kandidaten ebenso wie die zukünftigen Team-Kollegen oder Mitarbeiter ein gegenseitiges Kennenlernen – alle Beteiligten müssen ja hinterher miteinander klarkommen. Der geeignete Rahmen hierfür kann zum Beispiel eine Abteilungsbesprechung sein oder auch ein informelles Zusammentreffen in der Cafeteria. Wie bei allen Gruppenformaten ist eine kurze Agenda hilfreich.

Tipp

Nutzen Sie die Probezeit, um den neuen Mitarbeiter unter Alltagsbedingungen noch besser kennenzulernen. Sollte sich dann wider Erwarten herausstellen, dass er trotz eines sorgfältigen Auswahlprozesses doch nicht der geeignete Kandidat war, ist jetzt der Zeitpunkt gekommen, um die Einstellungsentscheidung gegebenenfalls zu revidieren.

Referenzen

Durch Referenzen haben Sie die Möglichkeit, Ihren im Auswahlgespräch gewonnenen Eindruck durch Erfahrungsberichte aus erster Hand zu ergänzen und beispielsweise Fragen zu klären, die sich aus dem Interview ergeben haben oder offengeblieben sind. Referenzgeber sollten erst kontaktiert werden, wenn Sie mit einem Kandidaten tatsächlich zusammenarbeiten wollen. Die nachfolgenden Hinweise unterstützen Sie dabei, Referenzen professionell einzuholen:

Bitten Sie den Kandidaten um zwei bis drei Namen von ehemaligen Vorgesetzten, Kollegen oder Kunden, die über Ihren bevorstehenden Anruf informiert sind.

Ein kurzer Gesprächsleitfaden sorgt dafür, dass Sie alle wichtigen Punkte thematisieren und hinterlässt einen professionellen Eindruck.

Vorbereitung des Referenzgesprächs

- Schildern Sie zu Beginn des Referenzgesprächs kurz, dass der Kandidat für die betreffende Position in der engeren Auswahl ist und dass Sie gerne von der Erfahrung des Referenzgebers profitieren würden, um Ihren bisherigen Eindruck zu erweitern und zu verfeinern und gegebenenfalls die Einarbeitung des neuen Mitarbeiters zu erleichtern. Teilen Sie dem Referenzgeber anschließend die wesentlichen Informationen über die zu besetzende Position mit (Ziele und Aufgaben).

- Weisen Sie auf die Vertraulichkeit des Gesprächs hin und stellen Sie klar, dass der Referenzgeber nicht haftbar ist, sollte sich der Kandidat wider Erwarten doch als Fehlbesetzung erweisen.
- In den seltensten Fällen wird der Referenzgeber offen negativ über einen Kandidaten sprechen. Dies äußert sich eher in der Verweigerung einer Referenz – achten Sie deshalb auf die Zwischentöne.
- Fertigen Sie abschließend ein kurzes Protokoll des Referenzgesprächs an.
- Eine indirekte Art der Referenzprüfung ist die Recherche im Internet, indem Sie den Namen des Kandidaten beispielsweise in die Google-Suche eingeben. Außerdem sind soziale Netzwerke wie *linkedin.com* hilfreiche Quellen, um Informationen über einen Kandidaten zu generieren.

Tipp

Bei internen Auswahlprozessen eignet sich ein 360°-Feedback gut, um eine Fremdeinschätzung des Kandidaten einzuholen: Einem (vom Kandidaten benannten) Kreis von Vorgesetzten, Kollegen und Mitarbeitern wird ein standardisierter Fragebogen zur Verfügung gestellt, anhand dessen die benannten Personen den Kandidaten einschätzen.

Hilfreiche Fragen für Referenzgespräche

- Ist dies eine Position, in der Sie sich den Kandidaten gut vorstellen können? Aus welchen Gründen? Was passt gut, was weniger gut?
- Wo sehen Sie die Stärken des Kandidaten?
- Unter welchen Bedingungen hat der Kandidat in der Zusammenarbeit mit Ihnen besonders gute Resultate erzielt?
- Wofür schätzen Sie den Kandidaten besonders?
- Was hat Sie in der Zusammenarbeit vielleicht auch gestört?
- Welche Erfahrung haben Sie mit dem Kandidaten in Bezug auf diese Kompetenz gemacht? (Wählen Sie hier einige für die Position wichtige Kompetenzen aus, bei denen Sie vielleicht Bedenken haben, ob der Kandidat sie erfüllt.)
- Aus welchen Gründen ist das Arbeitsverhältnis mit dem Kandidaten beendet worden?
- Können Sie sich vorstellen, in Zukunft wieder einmal mit dem Kandidaten zusammenzuarbeiten? Würden Sie ihn noch einmal einstellen?

Service

Literaturverzeichnis

- Beck, Christoph (Hrsg.): Personalmarketing 2.0: Vom Employer Branding zum Recruiting, Köln 2012.
- Belbin, Meredith R.: Team Roles at Work, Oxford 1996.
- Bents, Richard/Blank, Reiner: Sich und andere verstehen, München 2010.
- BIP-Auswertungsbeispiel: ©Hogrefe.
- Falcone, Paul: 96 Great Interview Questions To Ask Before You Hire, New York 2008.
- Gabrisch, Jochen: Die Besten managen, Wiesbaden 2010.
- Gabrisch, Jochen: Führungsinstrument Mitarbeiterkommunikation, Bonn 2019.
- Gabrisch, Jochen: Mitarbeitergespräche auf den Punkt gebracht, Köln 2012.
- Hossiep, Rüdiger/Paschen, Michael: Das Bochumer Inventar zur berufsbezogenen Persönlichkeitsbeschreibung, Göttingen 2003.
- Hossiep, Rüdiger/Mühlhaus, Oliver: Personalauswahl und -entwicklung mit Persönlichkeitstests, Göttingen 2015.
- Jetter, Wolfgang: Effiziente Personalauswahl, Stuttgart 2008.
- Malik, Fredmund: Führen Leisten Leben, Frankfurt a. M. 2006.
- Sarges, Werner: Management-Diagnostik, Göttingen 2000.
- Schleusener, Aino/Suckow, Jens/Voigt, Burkhard: AGG: Kommentar zum Allgemeinen Gleichbehandlungsgesetz, 4. Auflage, Köln 2013.
- Schuler, Heinz: Psychologische Personalauswahl, Göttingen 2000.
- Sprenger, Reinhard K.: Mythos Motivation, Frankfurt a. M. 2010.
- Trost, Armin (Hrsg.): Employer Branding: Arbeitgeber positionieren und präsentieren, Köln 2009.

Stichwortverzeichnis